工业和信息产业科技与教育专著出版资金资助出版

基于岗位职业能力培养的高职网络技术专业系列教材建设

HTML5+CSS3+JavaScript
网页设计项目教程

李红梅　杨林根　　主编
周　霞　石灵心　副主编

电子工业出版社

Publishing House of Electronics Industry

北京·BEIJING

内 容 简 介

HTML5、CSS3、JavaScript 技术是网页设计的精髓。本书以项目为导向，以工作过程为框架，选取一个完整的网站案例——"绿骑士"网站，按照网页设计制作的流程，分任务逐步讲述网页设计及制作的技术要点。其目的是让学生通过完成该案例，从而掌握网页设计与制作的实际过程及专业技能。书中给出了大量的经典案例，并对案例作了细致的分析，便于学生理解所学知识，加强实操训练，提高实践能力。

本书可作为高等院校各专业"网页设计与制作"课程的教材，也可供网页设计、制作和开发人员学习参考。

未经许可，不得以任何方式复制或抄袭本书之部分或全部内容。
版权所有，侵权必究。

图书在版编目（CIP）数据

HTML5+CSS3+JavaScript 网页设计项目教程 / 李红梅，杨林根主编. —北京：电子工业出版社，2014.9
基于岗位职业能力培养的高职网络技术专业系列教材建设

ISBN 978-7-121-24335-6

Ⅰ. ①H… Ⅱ. ①李… ②杨… Ⅲ. ①超文本标记语言－程序设计－高等职业教育－教材 ②网页制作工具－高等职业教育－教材 ③JAVA语言－程序设计－高等职业教育－教材
Ⅳ. ①TP312 ②TP393.092

中国版本图书馆CIP数据核字（2014）第209176号

策划编辑：束传政
责任编辑：束传政
特约编辑：罗树利　赵海红
印　　刷：三河市兴达印务有限公司
装　　订：三河市兴达印务有限公司
出版发行：电子工业出版社
　　　　　北京市海淀区万寿路173信箱　　邮编：100036
开　　本：787×1092　　1/16　　印张：15.75　　字数：454千字
版　　次：2014年9月第1版
印　　次：2018年1月第4次印刷
定　　价：35.00元

凡所购买电子工业出版社图书有缺损问题，请向购买书店调换。若书店售缺，请与本社发行部联系，联系及邮购电话：（010）88254888。

质量投诉请发邮件至zlts@phei.com.cn，盗版侵权举报请发邮件至dbqq@phei.com.cn。

服务热线：（010）88258888。

编委会名单

编委会主任

吴教育　　教授　　　　阳江职业技术学院院长

编委会副主任

谢赞福　　教授　　　　广东技术师范学院计算机科学学院副院长
王世杰　　教授　　　　广州现代信息工程职业技术学院信息工程系主任

编委会执行主编

石　硕　　教授　　　　广东轻工职业技术学院计算机工程系
郭庚麒　　教授　　　　广东交通职业技术学院人事处处长

委员（排名不分先后）

王树勇　　教授　　　　广东水利电力职业技术学院教务处处长
张蒲生　　教授　　　　广东轻工职业技术学院计算机工程系
杨志伟　　副教授　　　广东交通职业技术学院计算机工程学院院长
黄君美　　微软认证专家　广东交通职业技术学院计算机工程学院网络工程系主任
邹　月　　副教授　　　广东科贸职业学院信息工程系主任
卢智勇　　副教授　　　广东机电职业技术学院信息工程学院院长
卓志宏　　副教授　　　阳江职业技术学院计算机工程系主任
龙　翔　　副教授　　　湖北生物科技职业学院信息传媒学院院长
邹利华　　副教授　　　东莞职业技术学院计算机工程系副主任
赵艳玲　　副教授　　　珠海城市职业技术学院电子信息工程学院副院长
周　程　　高级工程师　　增城康大职业技术学院计算机系副主任
刘力铭　　项目管理师　　广州城市职业学院信息技术系副主任
田　钧　　副教授　　　佛山职业技术学院电子信息系副主任
王跃胜　　副教授　　　广东轻工职业技术学院计算机工程系
黄世旭　　高级工程师　　广州国为信息科技有限公司副总经理

秘书

束传政　　电子工业出版社　rawstone@126.com

前言

Preface

本书的核心是培养学生的职业能力，以项目为导向，以工作过程为框架，采用情境教学。通过阅读和学习，学生能初步掌握企业网站开发的工作流程，学会网页设计与制作的方法，制作网页动画，掌握网页效果图的设计与制作方法。

本书选取一个完整的网站案例——"绿骑士"网站，按照网页设计制作的流程，分任务逐步讲述网页设计及制作的技术要点。其目的是让学生通过完成该案例，从而掌握网页设计与制作的实际过程及专业技能。

本书内容结构

根据网页设计基本流程，以"绿骑士"网站主页设计与开发为主线，将网页设计与开发分解为以下几个任务。

- 任务1：网站主页规划与设计
- 任务2：网站主页HTML结构设计
- 任务3：构建网站层叠样式表
- 任务4：网站主页DIV布局
- 任务5：设置网站上页文本与图片样式
- 任务6：主页导航栏的制作
- 任务7：制作网站登录与注册表单
- 任务8：设计并制作网站Logo及Banner
- 任务9：实现主页新闻图片轮显及翻滚特效
- 任务10：网页设计与开发综合范例

本书每个任务的结构按照**任务描述→核心知识→任务实施→任务拓展→练习与实训**展开，让读者切身体会网页设计与开发实战流程，从而真正全面掌握网页设计与开发各项技能。

本书特色

项目化教程：以项目为导向，以工作过程为框架，从职业岗位需求出发，分任务逐步讲述网页设计及制作的技术要点。

注重技能：本书根据网页设计与制作所需各项技能，把知识点融汇于系统的案例实训中，并且结合经典案例进行讲解和拓展。

贴心周到：本书对读者在学习过程中可能会遇到的疑难问题以"提示"和"注意"的形式进行说明，以免读者在学习过程中走弯路。

代码支持：本书提供实例和综合案例的源代码，可让读者在实战应用中掌握网页设计与

HTML5+CSS3+JavaScript网页设计项目教程

制作的每一项技能。相关源代码和素材可以登录华信教育资源网（www.hxedu.com.cn）免费下载。

读者对象

本书是一本完整介绍 HTML5+CSS3+JavaScript 网页设计与制作技术的教程，内容丰富、条理清晰、实用性强，适合以下读者使用：

- 网页前端架构师。
- 网页爱好者与设计师。
- 网页维护人员。
- 本科、高职院校学生。
- 相关社会培训班学员。

鸣谢

本书作者长期从事网站开发实训的教学与培训工作，具有很强的实战能力。本书由李红梅、杨林根主编，石灵心、周霞副主编。具体写作分工：绪论、任务 1、任务 2 由李红梅编写；任务 3~任务 7 由杨林根编写；任务 8、任务 10 由石灵心编写；任务 9 由周霞编写。

虽然倾注了编者的努力，但由于水平有限、时间仓促，书中难免有错漏之处，欢迎批评指正。

编 者

2014 年 7 月

编辑提示：

本书很多彩色图片，为了节省读者购买成本，采用了黑白印刷。但彩色图片没有彩色显示，很多图片效果大打折扣，所以为了读者阅读效果，我们采用了最新的二维码技术制作了相应资源，请读者使用智能终端（智能手机、PAD等）扫描相应图片旁的二维码，就可以显示出对应的彩色图片。

目录

Contents

绪论 ··· 1

任务1 网站主页规划与设计 ·· 7

1.1 任务描述 ·· 7

1.2 核心知识 ·· 8

    1.2.1 网页的结构框架 ··· 8

    1.2.2 页面的信息布局 ··· 16

    1.2.3 网页的创意视觉表现 ··· 16

    1.2.4 综合实例——酷站主页欣赏与分析 ··································· 20

1.3 任务实施 ··· 22

1.4 任务拓展——网页方案设计技巧 ·· 24

1.5 练习与实训 ·· 25

任务2 网站主页HTML结构设计 ··· 26

2.1 任务描述 ··· 26

2.2 核心知识 ··· 26

    2.2.1 使用HTML5的十大原因 ·· 26

    2.2.2 HTML5网页文档结构和全局属性 ······································· 29

    2.2.3 HTML5页面结构标签 ··· 33

    2.2.4 HTML5初级技巧 ··· 37

    2.2.5 综合实例——检查浏览器是否支持HTML5标签 ······················ 43

2.3 任务实施 ··· 44

2.4 任务拓展——常见的HTML5错误用法 ·· 46

2.5 练习与实训 ·· 47

任务3 构建网站层叠样式表 ·· 48

3.1 任务描述 ··· 48

3.2 核心知识 ··· 48

    3.2.1 CSS基本语法规则 ··· 48

    3.2.2 样式的引用方式 ··· 49

    3.2.3 选择器分类 ·· 49

    3.2.4 在HTML中使用CSS样式表的方法 ····································· 57

HTML5+CSS3+JavaScript网页设计项目教程

    3.2.5　综合实例——制作简单的竖型菜单 ··· 60
  3.3　任务实施 ··· 61
  3.4　任务拓展 ··· 62
    3.4.1　CSS2与CSS3的主要区别 ·· 62
    3.4.2　CSS的单位 ··· 62
  3.5　练习与实训 ·· 64

任务4　网站主页DIV布局 ··· 66

  4.1　任务描述 ··· 66
  4.2　核心知识 ··· 67
    4.2.1　CSS盒子模型 ·· 67
    4.2.2　CSS浮动布局 ·· 68
    4.2.3　CSS相对定位 ·· 73
    4.2.4　CSS绝对定位 ·· 76
    4.2.5　综合实例——制作歌曲专辑列表 ·· 82
  4.3　任务实施 ··· 84
  4.4　任务拓展——DIV+CSS常见错误 ·· 85
  4.5　练习与实训 ·· 86

任务5　设置网站主页文本与图片样式 ································· 87

  5.1　任务描述 ··· 87
  5.2　核心知识 ··· 87
    5.2.1　设置文本样式 ·· 87
    5.2.2　设置文本布局 ·· 91
    5.2.3　设置颜色及背景 ··· 94
    5.2.4　设置边框显示效果 ·· 99
    5.2.5　图文混排 ··· 100
    5.2.6　综合实例——制作八大行星科普网页 ··· 103
  5.3　任务实施 ··· 109
  5.4　任务拓展——文字或图像的旋转、缩放、倾斜、移动 ································· 110
  5.5　练习与实训 ·· 115

任务6　主页导航栏的制作 ··· 116

  6.1　任务描述 ··· 116
  6.2　核心知识 ··· 117
    6.2.1　用CSS控制超链接样式 ·· 117
    6.2.2　用CSS控制列表样式 ··· 121
    6.2.3　综合实例——制作多级弹出导航条 ·· 129
  6.3　任务实施 ··· 134

6.4　任务拓展——圆角设计 ······················· 136
6.5　练习与实训 ······························· 138

任务7　制作网站登录与注册表单 ················ 139

7.1　任务描述 ······························· 139
7.2　核心知识 ······························· 140
　　7.2.1　表单基本元素的使用 ···················· 140
　　7.2.2　表单高级元素的使用 ···················· 149
　　7.2.3　综合实例——注册表单 ···················· 154
7.3　任务实施 ······························· 157
　　7.3.1　制作用户登录表单 ····················· 157
　　7.3.2　制作用户注册表单 ····················· 158
7.4　任务拓展 ······························· 160
　　7.4.1　表单新增属性各浏览器支持情况 ·············· 160
　　7.4.2　HTML5中表单提交的几种验证方法 ············· 160
7.5　练习与实训 ······························· 162

任务8　设计并制作网站Logo及Banner ·········· 163

8.1　任务描述 ······························· 163
8.2　核心知识 ······························· 163
　　8.2.1　标志设计基础 ······················· 163
　　8.2.2　标志的创意构思 ······················ 165
　　8.2.3　标志设计的基本原则 ···················· 170
　　8.2.4　Banner设计方法与步骤 ·················· 174
　　8.2.5　Banner优秀案例欣赏 ··················· 177
　　8.2.6　综合案例——广州亚运会文化、环境、志愿者标志创意阐释 179
8.3　任务实施 ······························· 180
　　8.3.1　网站Logo设计 ······················· 180
　　8.3.2　网站Banner设计 ····················· 181
8.4　任务拓展 ······························· 181
　　8.4.1　标志与图案的区别 ····················· 181
　　8.4.2　几种Logo设计技巧 ···················· 182
8.5　练习与实训 ······························· 183

任务9　实现主页新闻图片轮显及翻滚特效 ········ 185

9.1　任务描述 ······························· 185
9.2　核心知识 ······························· 186
　　9.2.1　JavaScript语言特点 ··················· 186
　　9.2.2　JavaScript中的变量 ··················· 187
　　9.2.3　JavaScript中的流程控制语句 ·············· 190
　　9.2.4　JavaScript中的方法 ··················· 192

9.2.5 JavaScript事件与对象	196
9.2.6 JavaScript对象基础	198
9.2.7 常见网页特效	206
9.2.8 综合实例——实现即时验证效果	213

9.3 任务实施 215
9.3.1 实现图片轮显特效 215
9.3.2 实现图片向左翻滚特效 217

9.4 任务拓展 218
9.4.1 JavaScript中的常见问题 218
9.4.2 JavaScript几大主流框架 219

9.5 练习与实训 220

任务10 网页设计与开发综合范例 221

10.1 任务描述 221
10.2 核心知识 222
10.2.1 网页内容分析 222
10.2.2 网页规划及方案设计 222
10.2.3 网页HTML结构设计 224
10.2.4 网页布局与视觉设计 227

10.3 任务拓展——网页设计必须注意的问题 ... 237
10.4 练习与实训 240

参考文献 241

绪论 Introduction

学习目标

知识目标
- 了解网页设计常用技术
- 掌握网页设计基本流程
- 了解网页设计师应具备的技能

技能目标
- 掌握网页设计基本流程和要点
- 学会做网站项目需求分析

1. 网页设计概述

网页设计是一个网页创作的过程，是根据客户的需求从无到有的过程。网页设计是一种建立在 Internet 之上的新型设计。它具有很强的视觉效果、互动性、互操作性。一个成功的网页设计，首先在观念上要确立动态的思维方式，其次要有效地将图形引入网页设计中，提高人们浏览网页的兴趣。在崇尚鲜明个性的今天，网页设计应增加个性化因素。作为企业对外宣传物料的一种，精美的网页设计对于提升企业的互联网品牌形象至关重要。

1）网页设计类型

网站由于功能不同，在平面设计、网页设计、导航分布、色彩运用方面都有所不同。平面设计、网页设计的从业人员要清楚地把握网页设计的分类，才能创作出更好的网页设计作品。

从形式上可以将网页设计站点分为以下 3 类：

第一类是资讯类站点，像新浪、网易、搜狐等门户网站。这类站点将为访问者提供大量的信息，而且访问量较大，因此需注意页面的分割、结构合理、页面的优化和界面的亲和力等问题。

第二类是资讯和形象相结合的网站，像一些较大的公司、国内的高校等。这类网站在平面设计上要求较高，既要保证资讯类网站的上述要求，同时又要突出企业、单位的形象。

第三类则是形象类网站，比如一些中小型的公司或单位。这类网站一般较小，有的则有几页，需要实现的功能也较为简单，网页设计的主要任务就是突出企业形象。这类网站对设计者的美工水平要求较高。

最重要的一点是客户的要求，它也属于平面设计的任务之一。在进行网页设计的过程中，首先要弄清楚网页设计的分类，然后把网页设计形式进行艺术化的处理，让网站看起来更加美观，更加容易浏览，这才是成功的网页设计作品。

2）网页设计常用技术

HTML、CSS、JavaScript 三项技术是静态网页设计、制作的核心技术。

（1）HTML。HTML 即超文本标记语言，是用于描述网页文档的一种标记语言。它是目前最流行的网页制作语言。互联网中的网页大多是使用 HTML 格式展示在浏览者面前的。网页的本质就是超级文本标记语言，通过结合使用其他 Web 技术可以创造出功能强大的网页。HTML5 是近年来 Web 开发标准最大的飞跃。和以前的版本不同，HTML5 并非仅仅用来表示 Web 内容，它的新使命是将 Web 带入一个成熟的应用平台。在 HTML5 平台上，视频、音频、图像、动画，以及同计算机的交互都被标准化。

（2）CSS。CSS 又称为级联样式表，它是用来进行网页风格设计的。例如，如果想让链接字未点击时是蓝色的，当鼠标移上去后字变成红色的且有下画线，这就是一种风格。通过设立样式表，可以统一地控制 HTML 中各标志的显示属性。运用级联样式表可以更有效地控制网页外观，扩充精确指定网页元素位置、外观及创建特殊效果的能力。

（3）JavaScript。JavaScript 是一种基于对象和事件驱动并具有相对安全性的客户端脚本语言，同时也是一种广泛用于客户端 Web 开发的脚本语言，常用来给 HTML 网页添加动态功能，比如响应用户的各种操作。JavaScript 提供了丰富的运算功能，包括算术运算、关系运算、逻辑运算和连接运算。JavaScript 的一个重要功能就是面向对象的功能，通过基于对象的程序设计，可以用更直观、模块化和可重复使用的方式进行程序开发。

PHP、JSP、ASP.NET 是目前三大主流动态网页制作技术。

（1）PHP。PHP 是一种服务器端、跨平台、HTML 嵌入式的脚本语言。

- 优点：快速，具有很好的开放性和可扩展性，面向对象编程，功能强大，数据库支持好。
- 缺点：缺乏规模支持，缺乏多层结构支持，提供的数据库接口支持不统一。所以PHP不适合应用于大型电子商务站点，而更适合应用于一些小型的商业站点。

（2）JSP。JSP 是以 Java 为基础开发的，所以它不仅可以沿用 Java 强大的 API 功能，而且在任何平台下，只要服务器支持 JSP，就可以运行使用 JSP 开发的 Web 应用程序，体现了它的跨平台跨服务器的特点。如今最流行的 Web 服务器 Apache 同样支持 JSP，而且 Apache 支持多种平台，从而使得 JSP 可以在多个平台上运行。在数据库操作中，因为 JDBC 同样是独立于平台的，所以在 JSP 中使用 Java API 中提供的 JDBC 来连接数据库时，就不用担心平台变更时的代码移植问题。正是因为 Java 的这种特征，使得应用 JSP 开发的 Web 应用能够很简单地运用到不同的平台上。但 Java 的一些优势正是它致命的问题所在。正是由于为了跨平台的功能，为了极度的伸缩能力，所以极大地增加了产品的复杂性。

（3）ASP.NET。ASP.NET 是基于通用语言编译运行的程序，所以它的强大性和适应性可以使其运行在 Web 应用软件开发者几乎全部的平台上。通用语言的基本库、消息机制、数据接口的处理都能无缝整合到 ASP.NET 的 Web 应用中。ASP.NET 同时也是语言独立化的，所以，用户可以选择一种最适合的语言来编写程序，或者用多种语言来编写程序。将来，这样的多种程序语言协同工作的能力可以保证基于 COM+ 开发的程序能够完整地移植向 ASP.NET。但 ASP.NET 运行于 IIS 之上，这是个曾无数次遭受攻击的系统，几乎每周 IT 的新闻上都会有类似消息。实际上，它已成为一项负债，不管整个市场投入多少资金在上面，很多 IT 专业人士已经拒绝将他们的网络暴露于 IIS Web 服务器之下。

3）网页设计基本流程

网页设计是一个感性思考与理性分析相结合的复杂的过程，它的方向取决于设计的任务，它的实现依赖于网页的制作。正所谓"功夫在诗外"，网页设计中最重要的东西并非在软件的应用上，而是在开发者对网页设计的理解及设计制作的水平上，在于开发者自身的美感及对页面的把握上。一个页面的完整设计过程分为以下几个步骤。

（1）内容分析：仔细研究需要在网页中展现的内容，梳理其中的逻辑关系，分清层次和重要程度。

（2）原型设计：根据网页的结构，绘制出原型线框图，对页面进行合理的分区布局。原型线框图是设计负责人与客户交流的最佳媒介。

（3）方案设计：在确定的原型线框图基础上，使用美工软件，设计出具有良好视觉效果的页面设计方法。

（4）结构设计：根据内容分析的成果，搭建合理的 HTML 结构，保证在没有任何 CSS 样式的情况下，在浏览器上保持高可读性。

（5）布局设计：使用 HTML 和 CSS 对页面进行布局。

（6）视觉设计：使用 CSS 并配合美工设计元素，完成由设计方法到网页的转换。

（7）交互设计：为网页增添交互效果，如鼠标指针经过时的一些特效等。

4）网页设计师应具备的技能

网页设计师必须掌握以下一些技能：

（1）网页 HTML 语言。它是网站设计的一项基本语言，有一定经验的网站设计人员会容易理解。虽然它是最简单的一项网络技术，但至少在网站领域，它几乎成为最重要的一项技术。

（2）CSS 样式。CSS 样式能让网页体积缩减很多倍，同时网页的整体下载速度也会加快很多，这就减少了用户的流失。不仅如此，它还能提高搜索引擎的性能。它的另一个作用在于能够很好地跨浏览器兼容，让网页效果保持一致性。

（3）平面设计。对于很多网页设计师来说，他会觉得很奇怪，网页设计跟平面设计是不一样的，可比性不强。实际上，很多网页设计师，特别是资深级的，大多是从平面设计转到网页设计上来的。假如你又是一个自由网页设计师，那么你的设计技能、思维将会得到更大的发挥。

（4）jQuery。这个技能在网站设计行业兴起了一股热潮，很多网站开始使用 jQuery 特效，让网页变得更具流动性和过渡性。这里有一个很好的示例：苹果官方网站就采用了 jQuery 特效，无论网站视觉效果的自然性还是有行为发生时，都显得非常自然。如搜索功能，当鼠标单击时，搜索框立即自然平滑拉长，这种精致也只有 jQuery 才能做到。

（5）SEO 搜索引擎优化。搜索引擎优化是企业网站赢利的关键，SEO 做得好，网站将为受众带来有用的信息，同时网站主本身也将得到无尽的回报。假如你公司的网站设计得很漂亮，但没有人能找到它，那么网站也将失去它的作用和意义。

（6）网站空间、服务器管理。这一项对很多网页设计师来说是难以置信的。如果想保持高水准的服务，像域名、空间管理、企业邮局等这些相关的服务都必须做好，只有这样，才能突显出网页设计师的专业性。

（7）项目管理。项目管理同样是非常重要的。例如一个网站项目下来，需要对它进行规划，如时间的安排、成本预算、有效资源整合、客户情况等。

2．典型网站"绿骑士"简介

"绿骑士"网站是一个骑行旅行类的兴趣社交网站，主要面向所有的骑行爱好者，向他们提供骑行新闻、骑行知识、骑行装备、骑行路线、自行车赛事、自行车旅行、山地自行车、骑行攻略、骑行安全等信息，同时又是一个提倡"绿色出行"的宣传平台。我们倡议大家提高低碳意识、树立低碳理念、倡导低碳生活，宣传健康、环保的出行方式，让我们的生活多一些绿色、多一点文明、多一份健康。浏览效果如图 0.1 所示。

1）网站栏目结构

网站主要栏目包括：首页、新闻资讯、绿色出行、两型生活、骑行世界、车友天地、线路推荐、绿色服务。

- 首页：这栏主要介绍国内外热点骑行及绿色环保新闻、两型产品、绿色活动、绿色盟友、骑行名家、热点图片资讯、登录注册模块等。
- 新闻资讯：这栏主要介绍国内外骑行新闻、绿色环保新闻等。
- 绿色出行：这栏主要号召大家提高低碳意识、树立低碳理念、倡导低碳生活，宣传健康、环保的出行方式等。
- 两型生活：这栏主要宣传要在全社会大力倡导节约、环保、文明的生产方式和消费模式，让节约资源、保护环境成为每个企业、村庄、单位和每个社会成员的自觉行动，努力建设资源节约型和环境友好型社会。
- 骑行世界：这栏主要介绍骑行知识、骑行装备、各种国内外品牌自行车等。
- 车友天地：这栏是给车友提供的一个交流论坛。
- 线路推荐：这栏主要介绍国内一些经典骑行旅游线路。
- 绿色服务：这栏主要介绍国内一些骑行驿站等。

2）网站目录结构

根据网站栏目结构，创建站点目录。一个网站的目录结构要求层次清晰、井然有序，首页、栏目页、内容页区分明确，有利于日后的修改。"绿骑士"的目录结构及各文件夹所存放的文件类型如表 0.1 所示。

图0.1 "绿骑士"网站首页

表0.1 网站的目录结构及其存放的文件类型

文件夹名称	存放的文件类型
css	CSS样式文件
flash	动画文件、视频文件
image	图像文件、照片
text	文字素材
webpage_1	一级页面文件，该文件夹又有多个子文件夹，例如webpage_1_01
webpage_2	二级页面文件，该文件夹又有多个子文件夹，例如webpage_2_01

3）准备素材

根据网站的栏目、内容设计，首页的布局结构，以及几个主要导航页面的布局结构，准备所需素材。

（1）准备文本。准备大量网页中所需的文字资料，可以从各类网站、各种书籍中搜集文字资料，然后制作成 Word 文档或文本文件。注意各种文字资料的文件名命名要科学合理，避免日后找不到所需的文本内容。

（2）准备 Logo。利用 Fireworks 或 Photoshop 量身定做本网站的 Logo。Logo 要与本网站的主题相符，要有新意。

（3）准备图片及按钮。根据需要到网上或素材光盘中搜集所需的图片和按钮，有些图片、按钮需要利用图像处理软件制作。注意图片文件要尽可能小。

（4）准备动画。网站中的动画最好能突出主题，起到画龙点睛之功效。动画一般利用 Flash 软件制作，本网站主页和导航页的标题动画就是利用 Flash 软件量身定做的。

（5）建立库项目。网页中经常用到的项目，例如版权区，可以事先定义为库项目，以备制作网页时重复使用，提高工作效率。

4）网站主页设计开发与任务分解

根据网页设计基本流程，以"绿骑士"网站主页设计与开发为主线，将网页设计与开发分解为以下几个任务。

任务 1：网站主页规划与设计。

任务 2：网站主页 HTML 结构设计。

任务 3：构建网站层叠样式表。

任务 4：网站主页 DIV 布局。

任务 5：设置网站主页文本与图片样式。

任务 6：主页导航栏的制作。

任务 7：制作网站登录与注册表单。

任务 8：设计并制作网站 Logo 及 Banner。

任务 9：实现主页新闻图片轮显及翻滚特效。

任务 10：网页设计与开发综合范例。

本书将按照这 10 个任务展开编写，让读者切身体会网页设计与开发的实战流程，从而真正全面掌握网页设计与开发的各项技能。

任务 1

网站主页规划与设计

学习目标

知识目标

- 了解常见的网页结构框架
- 掌握页面的信息布局设计

技能目标

网页规划与设计

1.1 任务描述

网站首页是企业网上的虚拟门面，网站的页面就好比是"无纸的印刷品"。我们会经常看到印刷精美的产品目录或广告，屡屡看到那些印有产品目录或广告的精美印刷制品的时候，相信您或多或少会对有关的产品形成一种好感，即使不会购买，也必然对这些产品形成一定程度的认同。而对于设计毛糙的宣传品，您肯定会怀疑其内容的真实性，从而对其产品或服务产生质疑。精良和专业网站的设计如同制作精美的印刷品，会人人刺激消费者（访问者）的购买欲望；反之，公司所提供的产品或服务将不会给消费者（访问者）留下较好的印象。

信息是网站建设的基础；信息的分类是网站导航的重要依据；信息的传播概念是网站选择插图、色彩、风格设计的出发点；信息还是网站最重要的内容设计。一个没有信息的网站，我们无法选择框架、布局内容、调配色彩和设计风格等。设计网站之初，必须对网站的相关资料、网站的信息内容进行一定的分析和整理。

在绪论中，我们对"绿骑士"网站的内容进行了分析，本任务将完成"绿骑士"网站主页的方案设计。

HTML5+CSS3+JavaScript网页设计项目教程

1.2 核心知识

1.2.1 网页的结构框架

众所周知，框架设计是网站设计的基础部分。形象一点：把页面当作一张白纸，在上面划分出大小区域，并把信息安排到格子中去，划分区域的方式就是框架设计的重点。框架设计不是独立的思考，而是与导航设计、标题按钮、网站色彩等方面结合起来进行的。框架的形式是多边的，它应根据网站的信息内容划分，有重点地突出和排列信息。

参考现有网络上能呈现的设计条件，页面框架结构可归为3类：分栏式、区域划分和无规律式。

1. 分栏式

分栏式结构是最常见的网页框架，也可以称为竖分栏。这是一种以超过一屏半为准，把页面从上到下分割为几列架构的设计结构。

这里所谓的一屏，是以使用最多的显示器分辨率 800×600 像素为准，在最大化浏览器窗口的情况下，除去上部不能显示页面的浏览器工具栏之后所剩下的页面空间。实际上，每台显示器具体的分辨率大小并不相同，浏览器的工具栏也没有固定的尺寸，每台机器的工具栏设置情况也随用户喜好的不同而不同。也就是说，一屏的定义只是一个粗略的概数。

一般而言，大众化站点和开放式信息互动型站点最好以 800×600 像素的分辨率来设计，这其中包括门户站点、电子商务、企业站点等主要以文字信息为主的网站。提供图片设计欣赏的站点及特殊图形网站对显示器的要求会高一些，以 1024×768 像素的分辨率为主。

分栏结构是一种开放式框架结构，它的用途很广，通常适用于信息流量较大、更新较快、信息储备很大的站点，如门户类、资讯类网站。分栏结构中，三分栏最为常见，还有二分栏、四分栏和五分栏等情况，它们是以具体分栏列数命名的。超过五分栏以上的结构十分少见。通栏（即一栏）是较为特殊的结构框架。

如图 1.1 所示，网站 de-ferrari.com 视觉上感觉是三分栏，但实际上除去枚红色的斜纹背景后，它是典型的二分栏结构。左边的一列是主要信息，而右边的一列则是导航，分别采用白色和灰色作为背景色，简洁而又不失个性，配以 3 个标准色作为点缀，使整个页面看上去十分得体。

图1.1　www.de-ferrari.com

　　如图1.2所示，linkdup.com是个很有游戏感的网站，采用三分栏的结构对表现它的风格很有帮助。各种明度的蓝色运用在页面上，使各栏目的标题和内容主次分明。插图的风格直接影响了整个站点的风格，使其非常有特色。

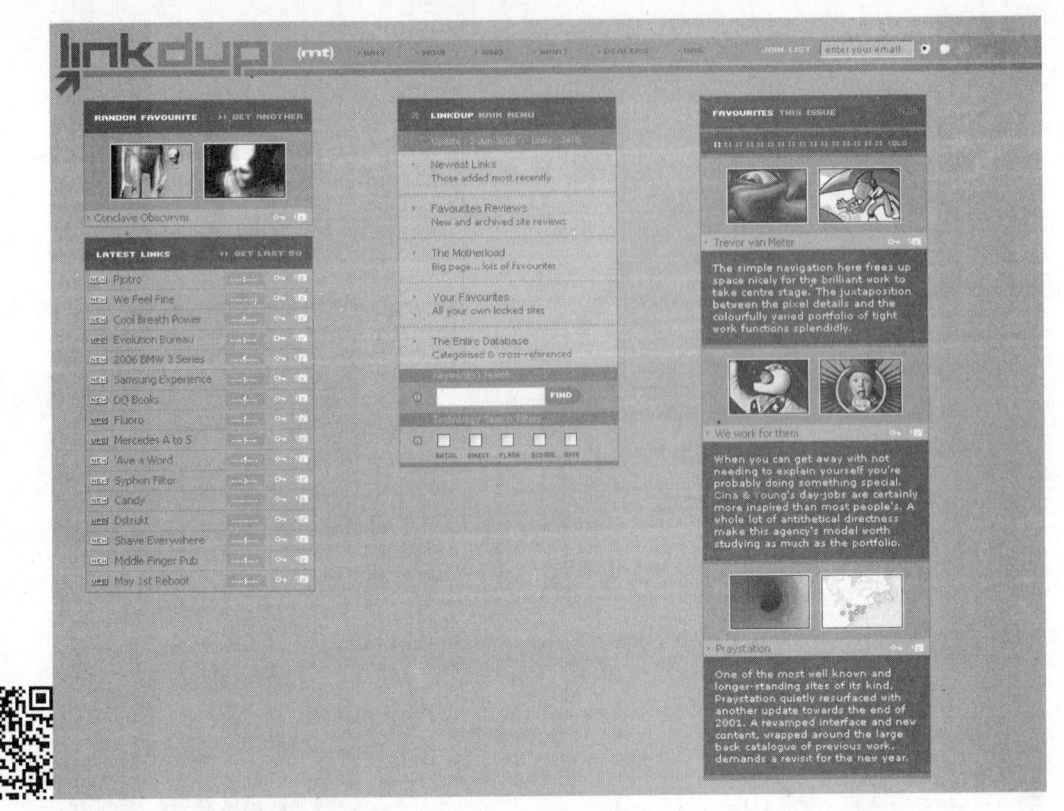

图1.2　www.linkdup.com

　　如图 1.3 所示的网站是四分栏结构。四分栏结构适合新品发布、网络商店等情况。telemigcelular 采用醒目的红色作为主色，每一分栏都有一个动画，很好地调节了红色对浏览者视觉器官的刺激。简洁的信息、明快的插图等，无不透露出时代性和时尚性。

图1.3　www.telemigcelular.com.br

任务1 网站主页规划与设计

　　五分栏结构网络上比较少见，如图 1.4 所示的 spark-online.com 正好是一例。五分栏结构适合信息标题精练、短小等情况，通常为了放置更多的信息条目才会选择此款框架结构。spark-online 在插图和颜色方面都渗透着复古和经典的传播概念，别致的骨架结构也为网站整体风格添色不少，显得十分有特色。

图1.4　www.spark-online.com

11

分栏式结构的页面容易过长，过长的页面载入非常慢，从而失去分栏式的优越性。为了不给访客带来太大的麻烦，应尽量保证页面的长度在两屏到三屏为佳。

2．区域划分

利用辅助线、插图和色彩把网页平面分为几个规则的或不规则的区域，由区域所形成的网页框架叫作区域排版，它其实是分栏式结构的变异。

区域排版之所以逐渐衍生出来，主要是因为它比分栏结构更加灵活，通常可利用颜色、线条、文字的断口或插图的变换等手段来划分区域。划分出来的区域的大小、形式都可以自行定义，格局则变幻莫测。它可以适应多种信息内容编排的需求，解决分栏结构无法解决的诸多问题。

如图1.5所示即区域划分框架。此类框架适合于信息量小、信息源有顾虑的网站。区域划分不适用于门户开放式站点和信息交错紧密的站点；比较适用于企业站点和产品单一的电子商务类站点，以及对页面要求较高、信息流通量小的专业性信息站点。

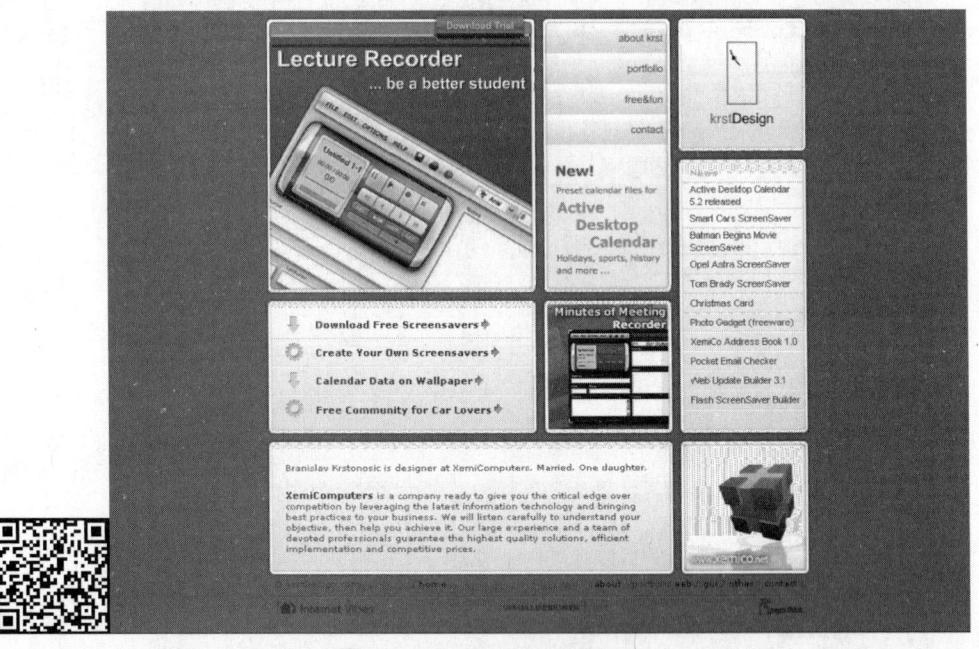

图1.5　www.krstdesign.com

总的来说，分栏式和区域划分没有严格的界限。只要能设计出风格独特的网页，就是好的框架。在进行设计时，不要给自己太多的条款和先入为主的思想，它们会妨碍思路的开阔和创意的展开。

之前已经说过，区域划分结构是由分栏式结构衍生出来的，但分栏式结构没有被淘汰。区域划分虽先进，但却不太稳定。两种框架各有特点，实际操作时可相互搭配使用。

3．非规律页面设计

分栏式结构和区域划分以外的网页架构归属为一类，即非规律框架。非规律框架设计真的没有规律吗？也不尽然。非规律框架按整体效果可分为动态网页和静态网页。

其中，静态网页主要有以下 3 种情况。

- 第一类：由无框架式的整张图片分割生成的网页。
- 第二类：横向页面很长，有些怪异的网页。
- 第三类：整个信息区很小的袖珍型网站。

动态网页主要是以 Flash 形式为主的新媒体设计。先不谈其动态的过程和效果，通常最后落定的标版可粗略归为两种形式：一种是标版类似于分栏式或区域划分结构，换句话说，Flash 内局部嵌套以上两种网页框架；第二种则是根本无任何规律可寻，类似于静态网页中的第一类情况。

下面来看看各种非规律网页结构的视觉效果是如何形成的。

1）静态页面设计第一类

如果把静态的网页设计归为平面设计的一种，则应把网页当作平面出版物创意设计，信息与背景画面融为一体，没有清晰的界限区分，导航、信息区等属于网页本身的特征。设计好的网页图片采取分割整张图片生成网页的形式去制作。此种情况就是非规律框架的静态网页第一类。

如图 1.6 所示是 alfafusion.com 的进站页面，设计精美华丽，视觉效果较好，但此类页面不适用于信息量大的网站和商业类型的站点。而个人主页和商品展示页面完全可以采取这样的形式来突出个性化，以便于产品促销。那些从平面设计转行过来的网页设计师们也非常喜欢这种形式，所以此类设计层出不穷。

图1.6　www.alfafusion.com

2）静态页面设计第二类

通常在设计分栏式或区域划分风格的网页时，设计师们十分介意浏览器出现横向滚动条。一方面只带一个滚动键的鼠标不能滚动横向页面，在鼠标操作上多有不便；另一方面，在商业类或门户类站点中出现滚动条，是非常不美观的。出现此类情况，人们会认为是设计师或制作者由于粗心而造成的制作疏漏，有点大煞风景的味道。

如图 1.7 所示就是横向滚动的页面，此类网页设计虽然同样不适合商业化信息多的网站，但是可以用来作为展示商品的页面，可以把信息内容连贯起来，使浏览者有统一的视觉轮廓。

图1.7 www.ourcall.org

3）静态页面设计第三类

袖珍型的页面设计，同样适用于信息量少的网站。

商业网站也可以设计得很高雅，只是可选择的框架并不多。而个人主页五花八门，甚至一些小信息的网站，设计起来只占整个浏览器页面的一个小块区域，内页信息也只展示在这小小的区域内，再有特殊的信息就只好使用弹出式窗口或展开新页了。如图 1.8 所示是夜子的个人网站，整个站点仅有一个风格不变的长方形区域。

图1.8 iye.com.cn

这类风格的日韩站点很多，大概是他们偏爱这类可爱而小巧精致的设计吧。通过袖珍型的设计模式，也可以设计出多种不同风格的网站来。

个人主页是网络一道美丽的风景线。曾有人认为：没有了个人主页，仅剩的商业网页设计真没什么可看性。当然这样的说法有失偏颇，但的确很多好的页面设计效果无法运用到商业类型的站点上。看着这些袖珍型的小网站，给人的感觉好像是一个个精美的小糕点，每种味道都很独特。只有多元化的网页结构和设计，才能真正地丰富网络和我们的生活。

14

4）多变化 Flash 网页设计

动态的 Flash 网页设计，通常表现出互动感、时代感和科技感，它为网络设计开辟了新的领域和篇章。随着网络带宽的加大，以及计算机技术的普及，Flash 广大网页设计也会有更宽广的用途和发展。

动态的形式无法用框架把握。在以上的所有网页结构里，都可以嵌套局部的 Flash，或利用 Flash 制作。一个完全用 Flash 制作的网站不外乎两种情况。

一种是静止后的页面，类似分栏式或区域划分结构。如图 1.9 所示，假设我们不知道它是利用 Flash 制作的，最后的静止页面就是二分栏框架了。

图1.9　www.thethinkshop.us

另一种情况是根本就没有边际可寻，完全是一个动画场景或整张图的视觉效果。如图 1.10 所示的站点风格就是此类设计风格。

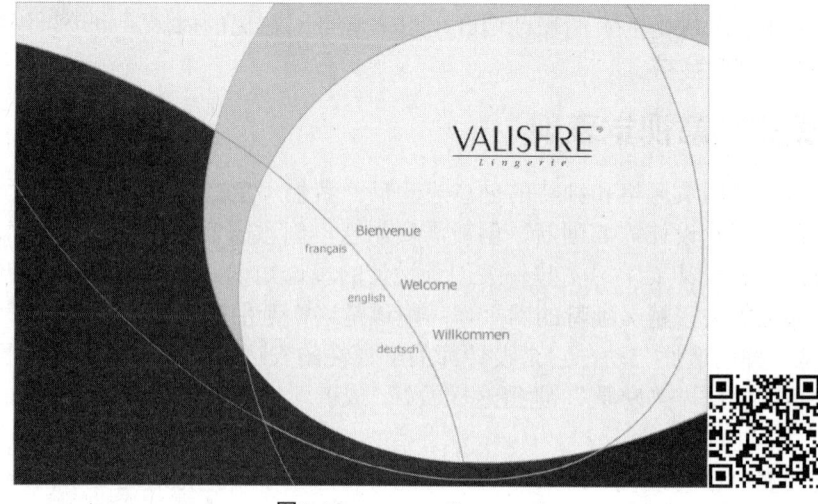

图1.10　www.valisere.com

没有规律的网页框架结构给浏览者带来了强烈的视觉冲击，为那些信息类别不局限于分栏式、区域划分的网站开辟了新的设计领域，同时给网页设计师们带来了网页设计、技术上的创作快感。想要设计全 Flash 的网站或局部 Flash 的网站，需要很扎实的 Flash 制作功底。这些也不是一般设计师可以做到的。国内外均有很多提供 Flash 教学、交流、源代码等服务的站点，可以去查阅一些站点以获得必要的知识及最先进的技术。

1.2.2　页面的信息布局

1．信息结构设计

设计网站，主要是针对首页、栏目首页和信息内页等几个最重要的页面进行信息安排。其他的页面将以它们作为基础，从信息形式变化上，有针对性地进行细节调动。

主要信息放置于显要的页面位置上，根据信息的重要程度，从上到下排列或从左到右排列。栏目中的主推信息制成广告放置在首页的合理位置，可以使浏览者在最短的时间内跳跃到第三、四级页面。

三分栏结构一般是把主打内容放置在中栏，也可叫作第二栏。所谓第二栏就是从左到右的第二分栏数。分栏式结构中存在侧栏概念，侧栏就是居左或居右的分栏，相对不重要的信息或功能模块，如邮件、搜索和天气等，可以放在侧栏。

2．网页中的留白

网页中的留白就像情感小说中的心理描写或是动作电影中的抒情段落一样，可以让网页的视觉效果更加自由、流畅。很遗憾，许多网页设计师都不懂得这个浅显的道理，他们或是在客户需求的压力下，或是在不良设计习惯的驱使下，将整个页面塞满了图片、文字、链接或广告，以至于所有视觉元素都不得不在拥挤的空间内苟延残喘、痛苦挣扎。

留白并不特指网页中的白色区域。事实上，网页中凡是没有前景元素干扰的视觉区域都可以被称为留白。横向通栏的留白可以让网页拥有一种水平的流动感；纵向的留白可以平衡文字、导航栏等视觉原色在水平方向的作用力；标题区域的大面积留白可以突出公司名称或网页标题信息；正文区域内的大面积留白既可以丰富页面布局的内涵，也可以缓解浏览者在阅读时可能产生的视觉疲劳。

1.2.3　网页的创意视觉表现

看了那么多好的网页风格和独特的创意思想后，我们不免有些感叹，怎样才能设计出精美独特的网页作品呢？设计需要创新，创新需要创意，创意需要联想。展开联想，抓住好的思路，沿着思路展开设计；学习一些有关创意设计的理论知识，深入、消化、理解并运用到自己的设计作品当中去，精美独特的网页作品应该是这样诞生的吧。

"设计"是一种创造性劳动，它是设计师的解说性的表达方式，也是设计师的思维过程。很多人说制作网页要依靠"感觉"，觉得这样做好，或者那样做会更好，诸如此类的思考模式，但是，这样做是不对的。

感觉只能代表自己的经验和理解，这样可能常常忽略了委托方对这件事情的理解和受众人群的喜好。如果是个人主页，你大可以用自己的感觉去诠释自己的主页，但对商业网站分析信息内容，考虑页面布局，选用合适的色彩搭配，排版文字和插图等，都要依靠设计师的理性理论为基础，只靠自我感觉无法说服委托方，无法更好地为受众人群服务。

展开创意思维，是一个从理智到感性的过程。首先经过同类站点的调查报告，找出行业共性，进而确立网站的特性部分。其次分析网站内容，从信息类型、信息量和信息本身的需求出发，找出网站的表达方式，如信息的结构方式、导航条的数量和形式、首页需要放置哪些信息和它们放置的方式、内层栏目如何布局才更合理等。信息的空间结构在脑海中形成后，便开始进行视觉美化和网站的包装设计了。

如图 1.11 和图 1.12 所示是电影《醉画仙》的网站，这个网站在网络上很有名气。通过巨型毛笔在网页上挥洒青山的动画效果，把电影所要表达的文化气息淋漓尽致地渲染出来。音乐、场景、红色的山与黑色的墨，无不体现出电影主人公天才画家张承业对绘画的追求精神和电影本身蕴含的深厚的文化底蕴，的确是一个好的创意。

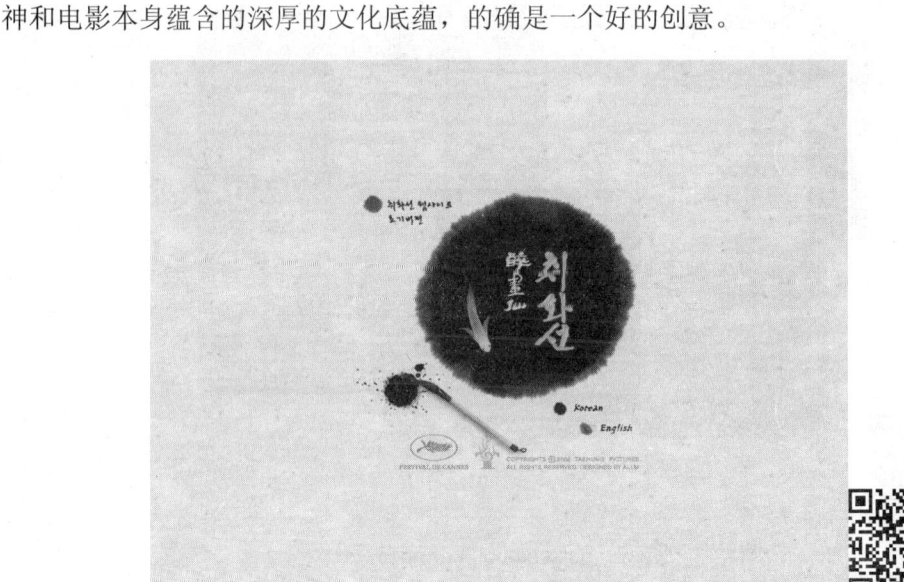

图1.11　www.chihwaseon.com进站页面

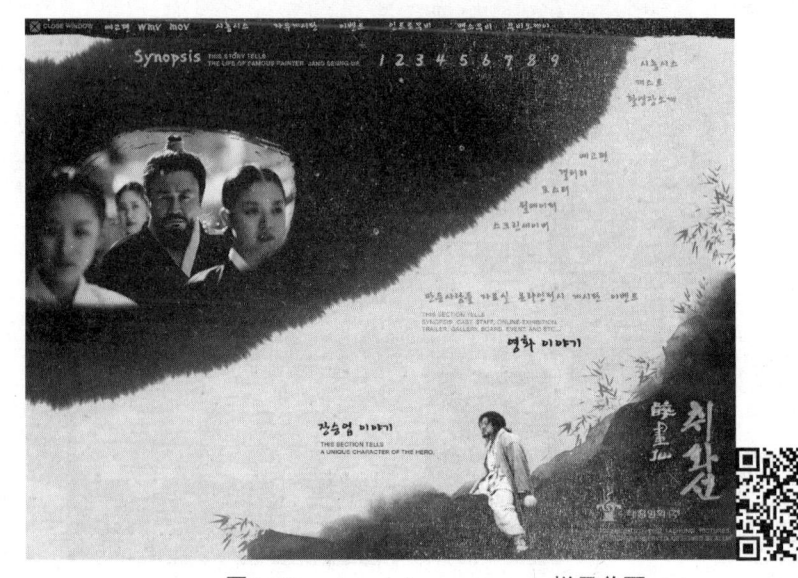

图1.12　www.chihwaseon.com栏目首页

怎么样？有创意吧！如图 1.13 和图 1.14 所示是十分少见的包装盒风格网站，创意独特。值得一提的是，它虽然页面格局偏小，但能放下不少信息。页面有很多可看的细节部分，比如做折叠时用的虚线、代表剪裁符号的剪刀图表、导航按钮前的右下指向箭头装饰、导航按钮上部的装饰图片的变换、页面内部格局随信息量大小的变化和修饰等。如果只用一种表现方式，是无法把网站作出厚度的，无法让人感觉到精致。

图1.13　www.musikkbiblioteket.no首页

图1.14　www.musikkbiblioteket.no栏目首页

如图 1.15 和图 1.16 所示是韩国站点 koreawebart 的 2001 版本，给人一种大字报的感觉。就其创意和表达方式来说，比较独特，让人眼睛一亮，虽然显得有些唐突，但也不失为一个创意独特的网页设计作品。

图1.15　www.koreawebart.org首页

图1.16　www.koreawebart.org信息内页

上面引用的一些网站实例，都是十分杰出的作品，每个网站都拥有自己的特质和气氛。互联网更新迅速，全球共享环境加剧了竞技速度，好的作品不断涌现。**多看**，关注全球互联网设计动态，鉴赏优秀网站，学习他人作品的设计思想。**多练**，一定要自己亲自尝试，实践才能进步。同样简单的排版方式，因信息量大小和形式的改变，做的时候就会碰到很多问题。**多思考**，设计是理性的思维过程，用脑设计而不是依靠感觉。

1.2.4 综合实例——酷站主页欣赏与分析

下面列出一些经典站点主页，在浏览的同时要留意它们的页面设计。

如图 1.17 和图 1.18 所示的是一位国外设计师的个人主页。这已经是第 6 个版本了，第 5 版本相当有名气。这位设计师的商业作品很不错，感兴趣的读者可以登录网站看一看。除此以外，设计师的个人作品更有特色，最近可能因设计师在图案设计和泥人角色设计上的尝试，使第 6 版本的网站风格受到了图案设计和泥人角色的影响。

图1.17　www.kvad.com首页

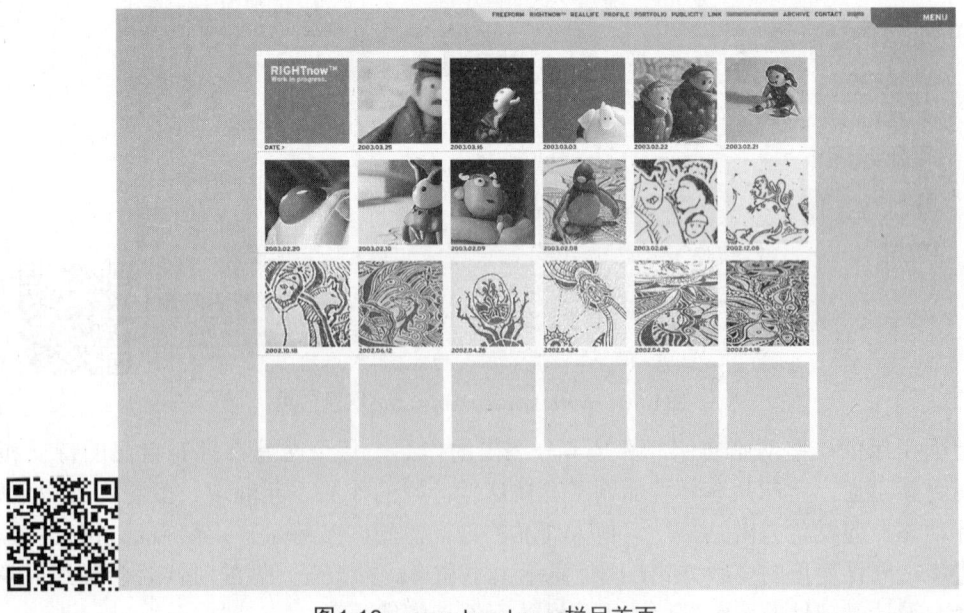

图1.18　www.kvad.com栏目首页

提起如图 1.19 所示的第 5 版的这个页面，主要是因为它的色彩组合。主色是色调一致的红绿补色，若是没有黑色作为视觉中心，红绿的强烈对比一定会给人厌恶的感觉。黑色起到很大的色彩调节的作用，是一个难能可贵的色彩尝试。

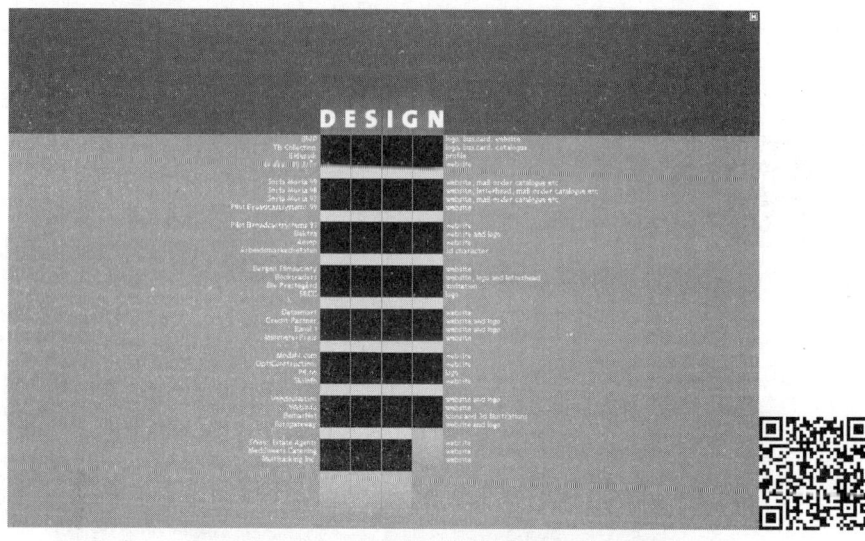

图1.19　www.kvad.com第5版中作品展示的页面

如图 1.20 所示是一个全 Flash 实现的网站。飞行的火腿是导航开关，如图 1.21 所示，鼠标悬停时会出现多个选项。选择不同的"肉块"后，画面跳转到其他场景。在新的场景中，如图 1.22 所示，标签和酱都是可选择的导航按钮，选择按钮以后出现如图 1.23 所示的展示页面。整个网站充满了趣味性。

图1.20　www.chrum.com首页

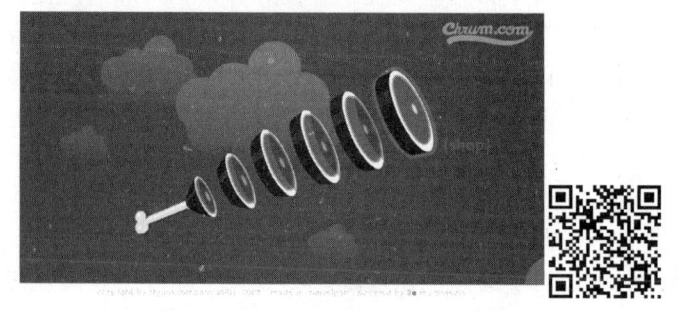

图1.21　www.chrum.com导航效果

图1.22 www.chrum.com栏目首页

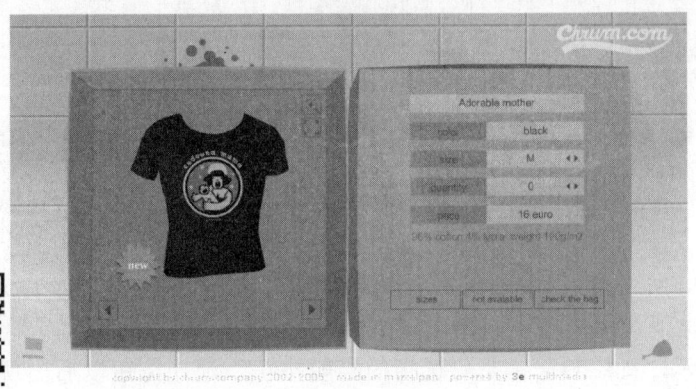

图1.23 www.chrum.com信息内页

全 Flash 构架的网站在网络上十分常见，导航按钮被设计成千奇百怪的动态物体，这是网络新媒体形成的一大特点，但是对信息量大的网站来说并不适用。

1.3 任务实施

1. 策划网站主题

"绿骑士"网站是一个骑行旅行类的兴趣社交网站，主要面向所有的骑行爱好者，以休闲娱乐的多元化内容为定位，希望带给车友及单车爱好者甚至一般大众更纯净、活泼与健康的现代化生活。本网站又是一个提倡"绿色出行"的宣传平台，倡议大家提高低碳意识、树立低碳理念、倡导低碳生活，宣传健康、环保的出行方式，让我们的生活多一些绿色、多一点文明、多一份健康。

2. 确定网站风格

确定好站点主题后，根据该主题选择站点的风格。本网站的主要特点如下：

- 设计风格要大众化。为了提高浏览速度，尽量减少图片的使用，更多地使用表格或层实现效果。

- 背景颜色以绿色为主、白色为辅，文字颜色以淡绿色为主、黑色和暗红色为辅。
- 文字内容丰富、知识性强，标题简洁明了，字体一般采用宋体，大小一般为12像素。

3．设计草图

设计草图一般是指设计初始阶段的设计雏形，以线为主，多是思考性质的，一般较潦草，多为记录设计的灵光与原始意念的，不追求效果和准确。

4．实现页面方案

这一步的设计核心是美术设计，通俗地说就是要让页面更加美观。在一些较大规模的项目中，通常会有专业的美工参与，这一步就是美工的任务。由于本书篇幅限制，关于如何使用Photoshop绘制完整的页面方案就不再详细介绍，读者可参考其他相关资料，效果如图1.24所示。

图1.24　网站页面方案

HTML5+CSS3+JavaScript网页设计项目教程

1.4 任务拓展——网页方案设计技巧

在网络信息的虚拟世界里，互联网提供了天下大同的机会，同时也让这个虚拟世界充斥着数不清的商业站点、垃圾站点，大多数站点缺乏灵魂、主旨，东一榔头西一棒子，松散、混乱，原因就在于缺乏策划设计。因此要想使你的网站从那些数不清的站点中脱颖而出，就必须对整个站点做好统筹安排、规划，对所有的内容进行细意斟酌，把所有的意念合情合理地组织起来，设计一个合理的页面样式。下面谈几点网页方案设计技巧。

1．重点信息放在醒目的位置，整个网站空间排序适当

一个网站很重要的就是标题，标题就像路牌一样，用户在浏览网站时，全靠它指路了。所以标题要意义清晰、描述性强，把最吸引人的地方放在醒目的位置，然后再慢慢展开。

另外留出可调整的位置，用于满足临时性或短期营销活动的宣传需要。在每屏中，文字与图形的布局既要考虑到重点的突出，还要给人以和谐的感觉。不能让图形淹没文字，也不能图形太少而让人觉得单调。视觉的吸引和诱惑力是不能低估的。

2．网页易读，控制好模块的信息量

网页设计最重要的诀窍就是网页要易读。这就意味着设计师必须花点心思来规划文字与背景颜色的搭配方案。注意不要使背景的颜色冲淡了文字的视觉效果。一般来说，浅色背景下的深色文字为佳。

这个原则也意味着别把文字的规格设得太小，也不能太大。文字太小，浏览者读起来难受；文字太大，或者文字视觉效果变化频繁，像是冲着人大喊大叫，看起来不舒服。另外，最好让文本左对齐，而不是居中。按当代中文的阅读习惯，文本大都是居左的。当然，标题一般应该居中，因为这符合读者的阅读习惯。

在内容上着笔尽量要细致，让用户能在最短的时间内了解你想要呈现什么。给读者一幅清晰的画卷，别云山雾罩的。

3．网页页面大小越小越好，最好别超过50KB，尽量精简

有研究显示，如果一个网站页面的主体在15秒之内显现不出来，访客会很快失去对该站的兴趣。当然，也有例外，比如内容实在太精彩，人家不去不行。再像视觉艺术类站点，也不能以"快"为唯一的设计标准。不过，即使这类站点，也该再加个引导页，给读者一个提示，别不理睬人家的心情。但是大多数网站还是以内容为主，大部分人感兴趣的还是信息量，追求的是速度。要限定页面的大小，就得从各个角度考虑节省，主要是图像方面。

4．网站导航要清晰，容易查找

所有的超链接应清晰无误地向读者标识出来，所有导航性质的设置，像图像按钮，都要有清晰的标识，让读者看得明白，千万别光顾视觉效果的热闹，而让读者不知东西南北。

链接文本的颜色最好用约定俗成的：未访问的，蓝色；点击过的，紫色或栗色。如果你一定要别出心裁，链接的文本就要想着以什么方式加以突出，比如说加粗体、加字号、两侧加竖标，或者几者兼用。总之，文本链接一定要和页面的其他文字有所区分，给读者清楚的导向。

清晰导航还要求：读者进入目的页的点击次数不能超过 3 次。如果 3 次以上还找不到，读者可就没有耐心了。

1.5 练习与实训

一、思考题

1.你访问的网站的设计目标、主题、对象、内容是什么？这个网站具有什么样的独特风格？这个网站是否达到了设计目标？它是从哪些方面来达到这个目标的？

2.你访问的网站有哪些功能？这些功能是否围绕主题设置的？画出这个网站的功能结构图。

二、实验题

规划设计个人主页。

任务 **2**

网站主页HTML结构设计

学习目标

知识目标

- 了解HTML5技术发展状况及前景
- 掌握HTML5基础语法

技能目标

网页 HTML 结构设计

2.1 任务描述

我们在刚学习网页制作时，总是先考虑怎么设计，考虑那些图片、字体、颜色、布局方案；然后用 Photoshop 或者 Fireworks 画出来，切割成小图；最后通过编辑 HTML 将所有设计还原表现在页面上。如果希望你的 HTML 页面用 CSS 布局，需要回头重来，先不考虑"外观"，要先思考页面内容的语义和结构。

所以在考虑页面整体表现效果前，应当先考虑页面内容的语义和结构，然后再针对语义、结构添加 CSS。

本任务将利用 HTML5 及 Dreamweaver 工具设计网站首页 HTML 结构。

2.2 核心知识

2.2.1 使用HTML5的十大原因

目前有很多书籍介绍使用 HTML5 的优势和好处，本书也类似。为了解密 HTML5 并且帮助顽固的开发设计人员，下面列出了使用 HTML5 的十大原因。

1. 易用性

两个原因使得使用 HTML5 创建网站更加简单：语义学及其 ARIA。

新的 HTML 标签像 <header>、<footer>、<nav>、<section>、<aside> 等，使得阅读者更加容易去访问内容。在以前，即使定义了 class 或者 ID，阅读者也没有办法了解给出的一个

DIV 究竟是什么。使用新的语义学的定义标签，可以更好地了解 HTML 文档，并且创建一个更好的使用体验。

ARIA 是 W3C 的一个标准，主要用来对 HTML 文档中的元素指定"角色"，通过角色属性来创建重要的页面属性。例如，header、footer、navigation 或者 article 很有必要。这一点曾经被忽略掉了，并且没有被广泛使用，因为事实上并没有通过验证。然而，HTML5 将会验证这些属性。同时，HTML5 将会内建这些角色并且无法不覆盖。

2．视频和音频支持

正确播放媒体一直都是一件非常烦琐的事情，以前需要使用 <embed> 和 <object> 标签，并且为了它们能正确播放必须赋予一大堆的参数，这样媒体标签将会非常复杂，拥有一大堆令人迷惑的代码。如今使用 HTML5 标签 <video> 和 <audio> 将轻松解决这个问题。

它只需要像其他 HTML 标签一样定义：

```
<video src="url" width="640px" height="380px" autoplay/>
```

3．增强型的表单

HTML5 表单降低了下载 JavaScript 代码的必要性，允许在移动设备和云服务之间进行更多高效的通信。

4．更清晰的代码

HTML5 允许开发者写出简单清晰且富于描述的代码。符合语义学的代码允许使用者分开样式和内容。看看这个典型的简单拥有导航的 header 代码：

```
<div id="header">
    <h1>Header Text</h1>
    <div id="nav">
      <ul>
        <li><a href="#">Link</a></li>
        <li><a href="#">Link</a></li>
        <li><a href="#">Link</a></li>
      </ul>
    </div>
</div>
```

是不是很简单？但是使用 HTML5 后会使得代码更加简单，并且富有含义：

```
<header>
        <h1>Header Text</h1>
        <nav>
        <ul>
          <li><a href="#">Link</a></li>
          <li><a href="#">Link</a></li>
          <li><a href="#">Link</a></li>
        </ul>
      </nav>
</header>
```

使用 HTML5 可以通过使用语义学的 HTML header 标签描述内容来最后解决 div 及其 class 定义问题。以前需要大量使用 div 来定义每一个页面内容区域，但是使用新的 `<section>`、`<article>`、`<header>`、`<footer>`、`<aside>` 和 `<nav>` 标签，可以让代码更加清晰且易于阅读。

5. 本地存储

HTML5 中最酷的特性就是本地存储。有点像比较老的技术 cookie 和客户端数据库的融合。它比 cookie 更好用，因为它支持多个 Windows 存储，拥有更好的安全和性能，即使浏览器关闭后也可以保存。因为它是一个客户端的数据库，也不用担心用户删除任何 cookie，并且所有主流浏览器都支持。

本地存储对于很多情况来说都不错，无须第三方插件就可以实现。能够保存数据到用户的浏览器中，意味你可以简单地创建一些应用特性，例如，保存用户信息、缓存数据、加载用户上一次的应用状态。

6. 更好的互动

绝大多数用户喜欢有反馈的、互动性好的动态网站。HTML5 的 `<canvas>` 画图标签允许开发者做更多的互动和动画，就像我们使用 Flash 达到的效果。

除了 `<canvas>`，HTML5 同样拥有很多 API，允许开发者创建更好的用户体验，以及更加动态的 Web 应用程序。

7. 游戏开发

我们还可以使用 HTML5 的 `<canvas>` 标签开发游戏。它提供了一个非常优雅、友好的方式去开发有趣、互动的游戏。

8. HTML5 去掉 HTML 版本号

现在，W3C 已经"完成了"HTML5 规范，媒体报道和大家关注的重点将会集中在"Web 标准平台下面将推出什么"上面。W3C 已经开始致力于 HTML 5.1 标准，HTML 5.1 是下一个 WHATWG（网页超文本应用技术工作组）的标准的缩影。下一代的 HTML 平台的改进将从 HTML5 的较低级别核心（DOM 元素、CSS 样式、Simple JavaScript APIs，比如 Geolocation），转向对应用开发更为重要的改进上来（如 ShadowDOM、Web Components、CSS 布局和语音识别）。

9. 移动，移动，还是移动

Mobile 是一个时尚！移动设备将占领世界。这意味着更多的用户会选择使用移动设备访问网站或者 Web 应用。HTML5 是最移动化的开发工具。随着 Adobe 宣布放弃移动 Flash 开发，使用 HTML5 来开发 Web 应用成为不二之选。

当手机浏览器完全支持 HTML5，那么开发移动项目将会和设计更小的触摸显示一样简单。这里有很多的 meta 标签允许用户优化移动。

- viewport：允许定义 viewport 宽度和缩放设置。

- 全屏浏览器：ISO指定的数值，允许Apple设备全屏模式显示。
- Home screen icons：就像桌面收藏，这些图标可以用来添加收藏到iOS和Android移动设备的首页。

10．HTML5 移动 APP 开发的崛起

在开发跨平台 APP 方面，HTML5 发挥着越来越重要的作用。目前，这种开发一般都是通过本地封装器完成的，例如 Cordova（Cordova 使得 HTML 和 JavaScript 可以在 iOS 和 Android 等平台上驱动 APP）。这种技术称为混合型 APP 开发。

2.2.2　HTML5网页文档结构和全局属性

HTML5 在文档自身上引入了多处更改。笔者个人不满意的是，HTML5 允许作者创建格式不规范的文档。换句话说，它允许更松散的结构，其中 <p> 和 <li> 元素不需要结束，浏览器仍然知道如何处理它。它不区分大小写，所以用户可以随意采用大写或小写。如果您习惯于编写 HTML4，可以继续采用该样式。如果 XHTML 是您的首选，可以继续保持——它完全是可接受的。但是，即使格式松散的文档受支持，也不是明智的做法。排除混乱的代码中的问题可能很麻烦，因此笔者建议继续使用规则的标记。

1．文档类型说明

HTML4 和 HTML5 之间最明显的区别是新的缩短的文档类型。HTML4 的文档冗长无趣，例如：

```
<!DOCTYPE html PUBLIC "-//W3C//DTD XHTML 1.0 Transitional//EN" "http://
www.w3.org/TR/xhtml1/DTD/xhtml1-transitional.dtd">
```

HTML5 采用一种非常简短、没有版本的文档类型：

```
<!DOCTYPE html>
```

丢掉版本编号并不意味着 HTML 从来没有进步和发展。因为 HTML5 打算向后兼容，所以 W3C 感觉没有必要在扩展它时继续使用编号系统。

> **提示**
>
> DOCTYPE声明需要出现在HTML文档的第一行。

2．字符集

文档的另一种结构变化展现在字符集或字符编码上。以前使用以下代码：

```
<meta http-equiv="Content-Type" content="text/html; charset=UTF-8">
```

像文档类型一样，现在可以使用以下简化的版本：

```
<meta charset="utf-8">
```

3．样式表和脚本链接

为了保持简单，<link> 和 <script> 元素不再需要 type 属性。以前使用以下代码：

```
<link href="assets/css/main.css" rel="stylesheet" type="text/css" />
<script src="assets/js/modernizr.custom.js" type="text/javascript"></
script>
```

现在可以使用以下缩短的版本：

```
<link href="assets/css/main.css" rel="stylesheet" />
<script src="assets/js/modernizr.custom.js"></script>
```

4. HTML5 完整文档

将上述信息添加到一个文档中，HTML5 页面将类似以下形式：

```
<!DOCTYPE HTML>
<html>
    <head>
        <meta charset="UTF-8">
        <title>Document Name</title>
        <link href="assets/css/main.css" rel="stylesheet" />
        <script src="assets/js/modernizr.custom.js"></script>
    </head>
    <body>
        <p>Your content</p>
    </body>
</html>
```

5. 全局属性

请注意，HTML4 属性上也存在一些变化，一些现有的属性已全局化，它们可在需要时应用于任何和所有元素。包括：accesskey、class、dir、id、lang、style、tabindex、title。

此外，还添加了一组新的全局属性。

1）contenteditable 属性

contenteditable 属性允许将任何 HTML 元素设置为可编辑。它包含 3 个值：true、false 和 inherit。

用户可以将任何属性设置为可编辑。想象一下创建页面内文本编辑器的可能性。如果使用本地存储，则可在以后返回到页面并保留更改。因为自 5.5 版以来，IE 就已支持 contenteditable，所以它得到了很好的支持（但还未应用到移动领域）。如果要将页面的一部分设置为可编辑，可以使用 outline 和一个属性选择器为用户提供一种可视指示：

```
[contenteditable]:hover, [contenteditable]:focus{outline: 2px dotted red;}
<p contenteditable="true">Your content</p>
```

属性选择器自 IE7 以来就已得到支持，允许用户确定具有特定属性的目标元素。请注意，本文同时使用了伪类。这样，同时使用鼠标和键盘导航的用户可看到可视指示。同时选择使用轮廓线代替边框，因为它不会向盒状模型添加元素，所以页面区域不会在触发时突然闪现。

注 意

如果拥有IE6/7支持很重要，应该使用边框代理。

2）contextmenu 属性

依据 W3C HTML5 工作草案："contextmenu 属性提供了元素的上下文菜单。该值必须是 DOM 中的一个菜单元素的 ID。"

菜单元素本身只是一组命令。它们可能为表单元素、列表项或其他元素。菜单是隐藏的，直到键击或鼠标单击等事件的触发导致它提供选项和动作的气泡式菜单。

这样能够像下拉菜单一样节省 UI 空间，因为它仅在以某种方式请求时才显示。目前浏览器中还不支持，但它已为第一次实现做好了准备。代码可能类似于：

```html
<label for="char">Charter name: </label>
<input name="char" type="text" contextmenu="boatmenu" required>
<menu type="context" id="boatmenu">
    <!--menu content elements here -->
</menu>
```

3）data-* 属性

W3C HTML5 工作草案表明："自定义数据属性是一个没有命名空间的属性，它的名称以字符串'data-'开头，在连字符后拥有至少一个字符……"

这些自定义数据属性允许用户创建属性来与自己网站上运行的脚本共享数据。它们还未被一般软件使用或采纳。用户可以指定任意多个自定义数据属性。依据 caniuse.com："所有浏览器可能都已使用 data-* 属性，并使用 getAttribute 访问它们。"

得益于出色的支持，坊间已存在许多自定义数据属性的示例。如果您拥有 Dreamweaver CS5.5，则可以创建一个 jQuery Mobile（JQM）应用程序。jQuery Mobile 广泛使用了自定义数据属性来识别元素、主题和许多其他实体的角色。以下是一个 JQM 页面的示例：

```html
<div data-role="page" id="page" data-theme="b">
    <div data-role="header">
        <h1>Header</h1>
    </div>
    <div data-role="content">Content</div>
    <div data-role="footer">
        <h4>Footer</h4>
    </div>
</div>
```

4）role 和 aria-* 属性

如果希望使网站可供具有不同浏览习惯和身体缺陷的用户访问，WAI-ARIA (Accessible Rich Internet Applications) 方法提供了一些方式来定义动态 Web 内容和应用程序，以使具有残疾的用户能够识别和成功与之交互。这是通过定义文档或应用程序结构的 role，或通过定

HTML5+CSS3+JavaScript网页设计项目教程

义部件角色、关系、状态或属性的 aria-* 属性来完成的。

规范建议使用 ARIA 使 HTML5 应用程序更容易访问。当使用语义 HTML5 元素时，应该设置它们的相应角色。基本结构可能类似于：

```
<header id="banner" role="banner">
   ...
</header>
<nav role="navigation">
   ...
</nav>
<article id="post" role="main">
   ...
</article>
<footer role="contentinfo">
   ...
</footer>
```

还有大量 aria-* 属性可使网页内容更容易导航和理解。aria-labelledby、aria-level、aria-describedby 和 aria-orientation 等属性都使网页内容更容易理解。可在 ARIA 声明和属性页上查阅更多相关信息。

5）draggable 和 dropzone 属性

这两个属性放在一起使用，因为它们是新的拖放 API（DnD API）的一部分。对于 draggable 属性，有 3 种状态：true、false 和 auto（auto 不是关键字，它是默认的缺省值）。依据 W3C HTML5 工作草案："true 状态表示元素可拖动；false 状态表示它不可拖动；auto 状态使用用户代理的默认行为。"

如果使用者将拖动某个实体，还需要能够放置它。这正是 dropzone 属性所做的。目前可指定 3 个值——copy、move 和 link：copy 创建被拖动元素的一个副本；move 实际将元素移动到新位置；link 创建被拖动的数据的链接。DnD API 正开始获得 Gmail 的关注，Gmail 使用它作为其文件上传的基础，允许用户直接将文件拖到浏览器上。Ryan Seddon 创建了一种方式来测试自定义字体，而无须将它们上传到服务器（称为 Font Dragr）。它使用 DnD API 并允许用户将字体文件拖到浏览器上以供预览。

6）hidden 属性

W3C HTML5 工作草案对 hidden 属性的介绍："hidden 属性是一个布尔属性。当在一个元素上指定时，它表示元素还不或不再相关。用户代理不应呈现指定了 hidden 属性的元素。"

当然，用户必须使用 JavaScript 操作此属性。一个示例可能是使用 hidden 属性来登录 Web 游戏。最初，用户将看到隐藏了游戏的登录屏幕。在验证凭据后，用户将看到隐藏了登录屏幕的游戏。

当一个元素应用了 hidden 属性时，它将向所有用户代理隐藏，包括屏幕读取器，但是脚本和表单控件仍可执行。这只是表示上的一处更改，display:none 也是如此。HTML5 可访问性要求所有支持的浏览器（基本上仅不包括 IE）使用 display:none。display:none 会导致元素

32

完全不显示方框，所以围绕它的所有内容都会折叠到它的区域中。hidden 属性也是如此。所以用户可能需要谨慎考虑，使用属性 hidden、display:none 还是 aria-hidden 更好。

```
<fieldset id="login" hidden>
```

7）spellcheck 属性

依据 W3C HTML5 工作草案："用户代理可支持检查可编辑文本的拼写和语法，无论是在表单控件（比如文本区元素的值）中，还是在编辑主机中的元素（使用 contenteditable）。"

就像 contenteditable 属性一样，spellcheck 属性的可能值包括 true、false 或 inherit；true 表示它将被检查；false 表示它将不会被检查；inherit 获取父元素的值（如果有）。

2.2.3 HTML5页面结构标签

1．< header > 标签

< header>标签被用来创建页面的 Header 区的内容。除了网页本身之外，< header>标签还可以包含关于 < section> 和 < article> 的公开信息。

【示例 2.1】<header> 标签实例。

```
< header>
< h1>标题文字< /h1>
< p> 文本或是图像可放在这里< /p>
< p> Logo通常也放在这个地方 < /p>
< /header>
```

< header> 标签还可以包含一个 < hgroup> 标签，如示例 2.2 所示。< hgroup> 标签把标题分组放在一起，使用 < h1> ～ < h6> 这些标题分级来在此处显示主标题和子标题。

【示例 2.2】< hgroup> 标签实例。

```
< header>
< hgroup>
< h1>主标题< /h1>
< h2>子标题 < /h2>
< /hgroup>
< p> 文本或是图像可放在这里< /p>
< /header>
```

2．< nav > 标签

< nav> 标签定义了一个专门用于导航的区域，用作主站点的导航，而不是用来放置被包含在页面其他区域中的链接。

【示例 2.3】< nav> 标签实例。

```
< nav>
< ul>
< li>< a href="#" kesrc="#">Home< /a>< /li>
< li>< a href="#" kesrc="#">About Us< a>< /li>
< li>< a href="#" kesrc="#">Our Products< /a>< /li>
< li>< a href="#" kesrc="#">Contact Us< /a>< /li>
```

HTML5+CSS3+JavaScript网页设计项目教程

```
< /ul>
< /nav>
```

3. < section > 标签

HTML5 引入了 <section> 标签，用于描述文档的结构，它同 <div> 标签的意思一样。但是在特定环境中，两者又有明显的区别。

- W3C对<section>的定义是：定义一个文档的章节（可以拥有自己的<header>和<footer>）。
- W3C对<div>的定义是：定义一个文档的章节（但似乎更适合用于外层的布局，缺少语义性）。

【示例 2.4】<section> 标签实例。

```
<body>
  <header></header>
  <div id="content">
     <section></section>
     <section></section>
  </div>
  <footer></footer>
</body>
```

在这里，用 <section> 来定义 id 为 content 的 div 里面的两个章节 / 区域。当然此处也可以直接把 div 用 section 代替，或者把里面的 <section> 改成 <div>，因为此处还不能明显地区分两者的区别。

```
<section id="content">
   <section></section>
   <section></section>
</section>
```

或者：

```
<div id="content">
   <div></div>
   <div></div>
</div>
```

我们继续举例分析另外一个更明显的区分 <section> 和 <div> 的案例。

【示例 2.5】<section> 和 <div> 区分案例。

```
<div id="team">
  <nav>
    <ul>
      <li>member1</li>
      <li>member2</li>
      <li>member3</li>
    </ul>
  </nav>
  <section id="member1">
```

34

```
    <article>
    <header><h1>member1</h1></header>
    <p>一个描述的段落</p>
    <p>另一个描述的段落</p>
    <section>
        <p>这里的描述段落在语义上于<section>外层的段落不是兄弟级别。</p>
        <p>这里的描述段落在语义上于<section>外层的段落不是兄弟级别。</p>
    </section>
    <p>又是另外一个段落描述，于最上面的两个段落属于兄弟级。</p>
    </article>
</section>
<section id="member2">
    <article>
    <header><h1>member2</h1></header>
    <p>一个描述的段落</p>
    <p>另一个描述的段落</p>
    <section>
        <header><h1>这个<section>有分节的小标题，这里是这个分节的小标题</h1></
header>
        <p>这里的描述段落在语义上于<section>外层的段落不是兄弟级别。</p>
        <p>这里的描述段落在语义上于<section>外层的段落不是兄弟级别。</p>
    </section>
    <p>又是另外一个段落描述，于最上面的两个段落属于兄弟级。</p>
    </article>
</section>
<section id="member3">
    <article>
    <header><h1>member3</h1></header>
    <p>一个描述的段落</p>
    <p>另一个描述的段落</p>
    <section>
        <header><h1>这里是这个分节的小标题</h1></header>
        <p>这里的描述段落在语义上于<section>外层的段落不是兄弟级别。</p>
        <p>这里的描述段落在语义上于<section>外层的段落不是兄弟级别。</p>
        <footer>这里的内容对于这个<section>是一个脚部，它区别于上面的描述段落。</
footer>
    </section>
    <p>又是另外一个段落描述，于最上面的两个段落属于兄弟级。</p>
    </article>
</section>
</div>
```

在这个案例当中，我们用 <div> 标签来布局整个最外层的章，而用 <section> 来定义内部的章节。当然如果把整个文档看作一个章节，那么也可以用 <section> 来代替 <div>。但是建议不要使用 <section> 来代替该用 <div> 布局的地方，那些地方不能体现出 <section> 的语义性。

4．< article > 标签

<article> 标签定义外部的内容。外部内容可以是来自一个外部新闻提供者的一篇新的文章，或者是来自博客的文本，或者是来自论坛的文本，或是来自其他外部源内容。总之，可以理解为article所表示的就是文章内容。除了内容部分，一个article元素通常有它自己的标题，有时还有它自己的脚注。

【示例2.6】<article> 标签实例。

```
<article>
  <header>
    <h1>标题</h1>
    <p>发表日期：<time pubdate="pubdate">2014年5月10号</time></p>
  </header>
  <footer>
    <p>w3cmm 版权所有</p>
  </footer>
</article>
```

5．< aside > 标签

aside 元素用来表示当前页面或文章的附属信息部分，它可以包含与当前页面或主要内容相关的引用、侧边栏、广告、导航条，以及其他类似的有别于主要内容的部分。

aside 元素主要有以下两种使用方法。

（1）被包含在 article 元素中作为主要内容的附属信息部分，其中的内容可以是与当前文章有关的相关资料、名词解释等。

【示例2.7】<aside> 标签实例1。

```
<article>
  <h1>…</h1>
  <p>…</p>
  <aside>…</aside>
</article>
```

（2）在 article 元素之外使用作为页面或站点全局的附属信息部分。最典型的是侧边栏，其中的内容可以是友情链接，博客中的其他文章列表、广告单元等。

【示例2.8】<aside> 标签实例2。

```
<aside>
  <h2>…</h2>
  <ul>
    <li>…</li>
    <li>…</li>
  </ul>
  <h2>…</h2>
  <ul>
    <li>…</li>
    <li>…</li>
```

任务2 网站主页HTML结构设计

```
  </ul>
</aside>
```

6. < footer > 标签

< footer> 标签包含了与页面、文章或部分内容有关的信息，比如文章的作者或日期。作为页面的页脚，其有可能包含了版权或其他重要的法律信息。

【示例 2.9】< footer> 标签实例。

```
< footer>
< p>Copyright 2011 Acme United. All rights reserved.< /p>
< /footer>
```

2.2.4　HTML5初级技巧

Web 技术的发展速度太快了，如果不与时俱进，就会被淘汰。因此，为了应对即将到来的 HTML5，下面给出 20 个 HTML5 的初级技巧，希望能对读者进一步学习好 HTML5 有所帮助。

1. < figure > 标签

看下面一段简单的代码：

```
<IMG alt="About image" src="path/to/image">
<H6>Image of Mars.</H6>
```

遗憾的是，这里的 <h6> 标签和 <img> 标签好像没有什么关系，语义不够明确。HTML5 意识到了这一点，于是就采用了 <figure> 标签。当 <figure> 结合 <figcaption> 标签的使用，可以让 <h6> 标签和 <img> 标签组合起来，代码就更具语义了。

```
<FIGURE>
<IMC alt="About image" src="path/to/image">
<FIGCAPTION>
<H6>This is an image of something interesting. </H6>
</FIGCAPTION>
</FIGURE>
```

2. 去掉了 JavaScript 和 CSS 标签的 type 属性

通常会在 <link> 和 <script> 标签中加上 type 属性：

```
<LINK rel=stylesheet type=text/css href="path/to/stylesheet.css">
 <SCRIPT type=text/javascript src="path/to/script.js"></SCRIPT>
```

在 HTML5 中，不再需要 type 属性了，因为这显得有点多余，去掉之后可以让代码更为简洁。

```
<LINK href="path/to/stylesheet.css">
 <SCRIPT src="path/to/script.js"></SCRIPT>
```

3. 是否使用双引号

这有点让人纠结，HTML5 并不是 XTHML，可以省去标签中的双引号。相信大多数读

37

者都习惯了加上双引号，因为这让代码看起来会更标准。不过，可以根据用户的个人喜好来确定到底要不要双引号。

```
<H6 id=someId class=myClass> Start the reactor
```

4．使网页内容可以编辑

contenteditable 属性可以让元素的内容变成可以编辑的，也就是说，内容可以删除或者添加，并且可以将网页中其他元素的内容拖动到该元素中。它的值可以是 true、false 或者空字符串。当值是空字符串时，与值 true 功效相同，表示元素的内容可以编辑。

```
<fieldset>
    <legend>编辑区</legend>
     <div id="oDiv" style="min-height:100px;" contenteditable="true">这里的
内容可以被编辑</div>
    </fieldset>
```

5．电子邮件输入框

HMTL5 中新增了一个输入框的电子邮件属性，可以检测输入的内容是否符合电子邮件的书写格式，如图 2.1 所示，在 HTML5 之前只能依靠 JS 来检测。虽然内置的表单验证功能很快就会成为现实，但这个属性很多浏览器还不支持，只会当作普通的文本输入框来处理。

```
<FORM method=get>
    <LABEL for=email>Email:</LABEL>
<INPUT id=email type=email name=email>
    <BUTTON type=submit> Submit Form </BUTTON>
</FORM>
```

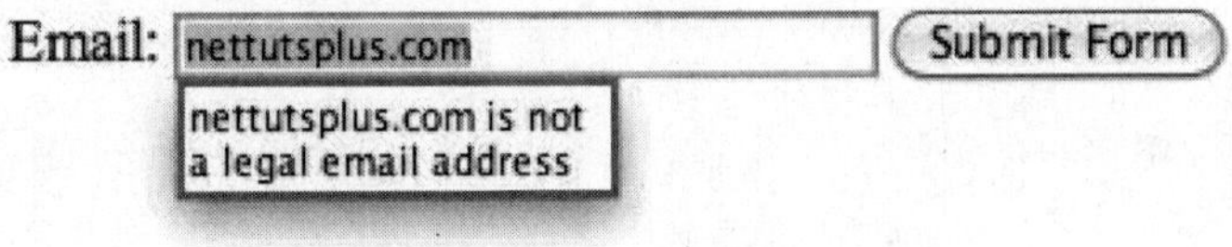

图2.1　电子邮件输入框测试结果

> **注　意**
>
> 到目前为止，包括现代浏览器在内都不支持该属性，所以这个属性暂时还是不可靠的。

6．占位符

文本框中的占位符有利于提升用户体验。之前我们只能依靠 JS 来实现占位符的效果，在 HTML5 中新增了占位符属性 placeholder。

```
<INPUT type=email name=email placeholder="doug@givethesepeopleair.com">
```

同样，目前的主流现代浏览器对该属性的支持不大好，暂时只有 Chrome 和 Safari 支持该属性，Firefox 和 Opera 不支持该属性。

7. 本地存储

HTML5 的本地存储功能可以让现代浏览器"记住"我们输入的，就算浏览器关闭和刷新也不会受影响。虽然这个功能有些浏览器不支持，但是 IE8、Safari 4、Firefox 3.5 还是支持这个功能的，如图 2.2 所示，读者可以测试一下。

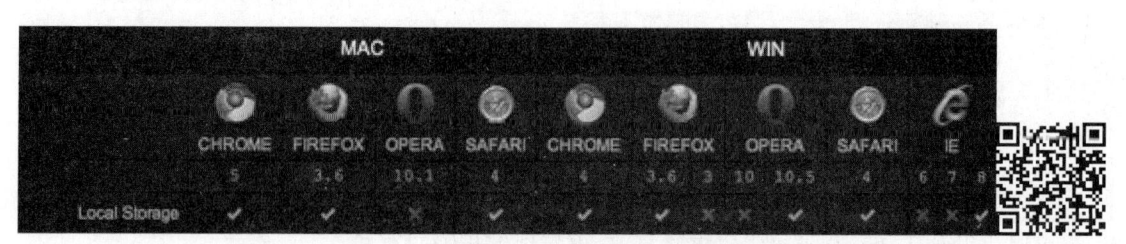

图2.2　支持HTML5本地存储功能的浏览器

8. 更有语义的 header 和 footer

下面的代码在 HTML5 中将不复存在：

```
<DIV id=header>
    ...
</DIV>
<DIV id=footer>
    ...
</DIV>
```

通常会给 header 和 footer 定义一个 div，然后再添加一个 id，但是在 HTML5 中可以直接使用 <header> 和 <footer> 标签，所以可以将上面的代码改写成如下形式：

```
<HEADER>
    ...
</HEADER>
<FOOTER>
    ...
</FOOTER>
```

> **注 意**
>
> 不要将这两个标签和网站的头部和页脚混淆起来，它们只是代表它们的容器。

9. IE 对 HTML5 的支持

IE 浏览器目前对 HTML5 的支持并不好，这也是阻碍 HTML5 更快普及的一大绊脚石。不过，IE9 对 HTML5 的支持度还是很不错的。

IE 把 HTML5 新增的标签都解析成内联元素，而实际上它们是块级元素，所以有必要为它们定义一个样式。

```
header, footer, article, section, nav, menu, hgroup {
   display: block;
}
```

尽管如此，IE 还是不能解析这些新增的 HTML5 标签，这个时候就需要借助 JavaScript 来解决这个问题。

```
document.createElement("article");
document.createElement("footer");
document.createElement("header");
document.createElement("hgroup");
document.createElement("nav");
document.createElement("menu");
```

可以借助如下 JavaScript 代码来修复 IE 更好地解析 HTML5。

```
<SCRIPT
mce_src="http://html5shim.googlecode.com/svn/trunk/html5.js"></SCRIPT>
```

10．标题群（hgroup）

这个类似于第二点技巧。如果用 <h1> 和 <h2> 标签分别表示网站的名称和副标题，会让两个本义上密切相关的标题并没有关联起来。这个时候可以使用 <hgroup> 标签将它们组合起来，这样代码会更有语义。

```
<HEADER>
<HGROUP>
<H1> Recall Fan Page </H1>
<H2> Only for people who want the memory of a lifetime. </H2>
</HGROUP>
</HEADER>
```

11．必填项属性

前端人员肯定做过不少表单验证的项目，其中很重要的一点就是有些输入框的内容是必须填写的，这里就需要使用 JavaScript 来检查。在 HTML5 中，新增了一个"必须填写"的属性：required。required 属性有两种使用方法，第二种方法显得更有结构性，而第一种更简洁。

```
<input type="text" name="someInput" required>
<input type="text" name="someInput" required="required">
```

有了这个属性，使表单的提交验证变得更简单了。看看下面简单的例子（如图 2.3 所示）。

```
<FORM method=post>
    <LABEL for=someInput> Your Name: </LABEL>
<INPUT id=someInput type=text name=someInput placeholder="Douglas
Quaid" required="required">
    <BUTTON type=submit>Go</BUTTON>
</FORM>
```

Your Name: Douglas Quaid   Go

图2.3　输入框必填属性验证

如果输入框为空，表单将无法提交成功。

12. 自动获取焦点

同样，HTML5 也不再需要 JavaScript 来解决输入框的自动获取焦点问题，如果某个输入框应当被选择或是获取到输入焦点，HTML5 新增了自动获取焦点属性 autofocus：

```
<INPUT type=text name=someInput placeholder="Douglas Quaid"
required="required" autofocus="autofocus">
```

autofocus 同样可以写成 "autofocus-autofocus"，这样看起来标准些，可根据自己的喜好而定。

13. 音频播放的支持

HTML5 中提供了 <audio> 标签，解决了以往必须依靠第三方插件才能播放音频文件的问题。到目前为止，只有少数的最新浏览器支持该标签。

```
<AUDIO controls="controls" autoplay="autoplay">
    <SOURCE src="file.ogg" />
    <SOURCE src="file.mp3" />
    <A href="file.mp3">Download this file.</A>
</AUDIO>
```

为什么会有两种格式的音频文件？因为 Firefox 和 Webkit 浏览器所支持的格式存在差异，Firefox 只能支持 .ogg 文件，而 Webkit 只支持 .mp3 文件。解决的办法就是创建两个版本的音频文件，这样就可以兼容 Firefox 和 Webkit 浏览器了。

> **注 意**
>
> IE 不支持该标签。

14. 视频播放的支持

和 <audio> 标签一样，HTML5 也提供了 <video> 标签对播放视频文件的支持。YouTube 也宣布了一项新的 HTML5 的视频嵌入。不过有点遗憾，HTML5 的规范并没有指定特定的视频解码器，而是让浏览器自己来决定。这就造成了各浏览器的兼容问题。虽然 Safari 和 IE9 都支持 H.264 格式的视频（Flash 播放器可以播放），但 Firefox 和 Opera 则支持开源的 Theora 和 Vorbis 格式。因此，当显示 HTML5 视频的时候，也得准备两种格式。

```
<VIDEO controls preload>
    <SOURCE src="cohagenPhoneCall.ogv" type="video/ogg; codecs='vorbis,
theora'" />
    <SOURCE src="cohagenPhoneCall.mp4" type="video/mp4;'codecs='avc1.42E01E,
mp4a.40.2'"/>
    <DIV> Your browser is old. <A href="cohagenPhoneCall.mp4">Download this
video .</A> </DIV>
    </VIDEO>
```

HTML5+CSS3+JavaScript网页设计项目教程

> **注 意**
>
> type属性虽然可以省略，但是如果加上的话，浏览器就可以更快、更准确地解析该视频文件。并不是所有的浏览器都支持HTML5的视频，所以必要时要使用Flash版本来代替。

15. 预加载视频

预加载属性：preload。首先要确定是否需要预先加载视频。假如访客在访问一个有很多视频展示的页面，那么就有必要预先加载一段视频，这样可以节省访客的等待时间，提高用户体验。可以给 <video> 标签添加一个 preload 属性来实现预加载的功能。

```
<VIDEO preload="preload">
...
</VIDEO>
```

16. 显示控件

显示控件属性可以给视频添加一个播放暂停的控件。需要注意的是，每个浏览器显示的效果可能会有些差异。

```
<VIDEO controls="controls" preload="preload">
...
</VIDEO>
```

17. 使用正则表达式

在 HTML5 中，可以直接使用正则表达式。

```
<FORM method=post action="">
    <LABEL for=username>Create a Username: </LABEL>
<INPUT id=username type=text name=username placeholder="4 <> 10"
required="required" autofocus="autofocus" pattern="[A-Za-z]{4,10}">
    <BUTTON type=submit>Go </BUTTON>
</FORM>
```

18. 检测浏览器对 HTML5 属性的支持

由于各浏览器对 HTML5 属性的支持度不同，这就造成了一些兼容问题。但是可以使用某种方法来检测该浏览器是否支持这些属性。上例中的代码如果要检测 pattern 属性是否被浏览器识别，可以使用 JavaScript 代码来检测。

```
alert( 'pattern' in document.createElement('input') ) // boolean;
```

其实这是确定浏览器兼容常用的方法，jQuery 库就经常使用这种方法。上面的代码中创建了一个 input 标签，并检测 pattern 属性是否被浏览器支持，如果能支持的话，浏览器就支持这个功能，否则就不支持。

```
<SCRIPT>
 if (!'pattern' in document.createElement('input') ) {
```

```
    // do client/server side validation
  }
</SCRIPT>
```

19．< mark > 标签

<mark> 标签用于高亮显示那些需要在视觉上向用户突出其重要性的文字，包裹在此标签里的字符串必须与用户当前的行为相关。例如，如果在一些博客中搜索"Open your Mind"，则可以在 <mark> 标签里使用 JavaScript 来包裹每一次动作。

```
<H3> Search Results </H3>
<H6> They were interrupted, just after Quato said, <MARK>"Open your
Mind"</MARK>. </H6>
```

20．该如何正确地使用 < div > 标签

有些人可能会有疑问，有了 <header> 和 <footer> 这些标签，<div> 标签在 HTML5 中还有用吗？答案是肯定的。比如你想创建一个能包裹特殊内容的容器，自由灵活的 <div> 肯定是首选；而你要创建一篇文章或者一个导航菜单，建议使用更有语义的 <article> 和 <nav> 标签。

很多人认为 HTML5 可能还是很遥远的事，所以直接无视。其实不然，现在很多网站都已经开始使用 HTML5 了。事实上，HTML5 的一些新增属性和功能使代码变得更简洁，这总归是一件好事，应该值得我们推崇。

2.2.5 综合实例——检查浏览器是否支持HTML5标签

刚才我们提到，在正式执行一个 HTML5 页面之前，必须先搭建支持 HTML5 的浏览器环境，并检查浏览器是否支持 HTML5 标签。下面制作一个简单的 HTML5 文档检测浏览器是否支持 HTML5。在 HTML 页面中插入一段 HTML5 的 <canvas> 画布标签，当浏览器支持该标签时，将显示一个矩形；反之，则在页面中显示"该浏览器不支持 HTML5"的提示。

代码如下：

```
<!doctype html>
<html>
  <head>
    <meta charset="utf-8">
    <title>检查浏览器是否支持HTML5</title>
  </head>
  <body>
    <canvas id="my" width="200" height="100" style="border:3px solid #00f;
    background-color:#f00">                <!--HTML5的canvas画布标签-->
    该浏览器不支持该HTML5标签
    </canvas>
  </body>
</html>
```

本实例在 IE8 浏览器中的显示效果如图 2.4 所示，在 Firefox 浏览器中的显示效果如图 2.5 所示。

HTML5+CSS3+JavaScript网页设计项目教程

图2.4 IE 8浏览器中的显示效果

图2.5 Firefox浏览器中的显示效果

2.3 任务实施

本章任务主要讲述了 HTML5 基础语法。下面利用网页制作工具 Dreamweaver CS5 设计本项目网站首页结构，并利用 Mozilla Firefox 浏览器进行相应的测试。具体步骤如下：

（1）搭建支持 HTML5 的浏览器环境。

尽管各主流厂商的最新版浏览器都对 HTML5 提供了很好的支持，但目前支持最好的是 Chrome，其次是 Firefox 3.6 和 Safari。但 HTML5 毕竟是一种全新的 HTML 标签语言，许多功能必须在搭建好相应的浏览器环境后才可以正常浏览。因此，在正式执行一个 HTML5 页面之前，必须先搭建支持 HTML5 的浏览器环境。

本书所有的应用实例，主要执行的浏览器为 Mozilla Firefox，其对应的版本号为 3.6。如果读者需要运行本书中的实例，则要安装该版本的 Mozilla Firefox 浏览器。

（2）启动 Dreamweaver CS5，选择【文件】→【新建】命令，在弹出的对话框中，【页面类型】选择 HTML，【布局】选择【无】，【文档类型】选择 HTML5，单击【创建】按钮，如图 2.6 所示。

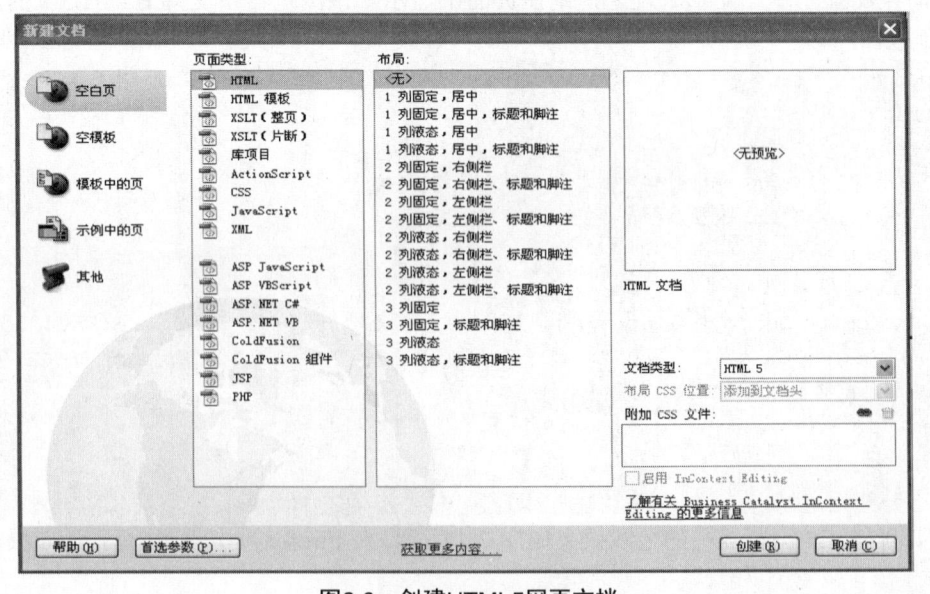
图2.6 创建HTML5网页文档

44

（3）编辑网页 HTML 代码，设计本项目网站首页结构。具体代码如下：

```
<!DOCTYPE html>
<!-- 声明文档结构类型 -->
<html lang=zh-cn>
<!-- 声明文档文字区域-->
<head>
<!-- 文档的头部区域 -->
<meta charset=utf-8>
<!-- 文档的头部区域中元数据区的字符集定义，这里是utf-0，表示国际通用的字符集编码格式
-->
<meta name=author content=骑行队>
<!-- 文档的头部区域元数据区关于开发人员姓名的定义 -->
<meta name=copyright content=骑行队>
<!-- 文档的头部区域元数据区关于版权的定义 -->
<link rel=stylesheet href=main.css>
<script src=script.js></script>
<!-- 文档的头部区域的JavaScript脚本文件调用 -->
</head>
<body>
<header>网站头部区域</header>
<nav>网站导航区域</nav>
<section>网站主要内容区域
<aside>
网站主要内容区域的侧边导航或菜单区
</aside>
<article>
网站主要内容区域的内容区
<section>以下是一个section和article的嵌套，循环表现章节与内容之间的父子关系、包含关系。
<aside>
</aside>
<article>
网站的嵌套区域，并可以对某个article区域进行头部和脚部的定义。这样做，可以有非常清晰和严
谨的文档目录结构关系。
</article>
</section>
</article>
</section>
<footer>网站脚部区域</footer>
</body>
</HTML>
```

在浏览器中执行上述代码后，效果如图 2.7 所示。

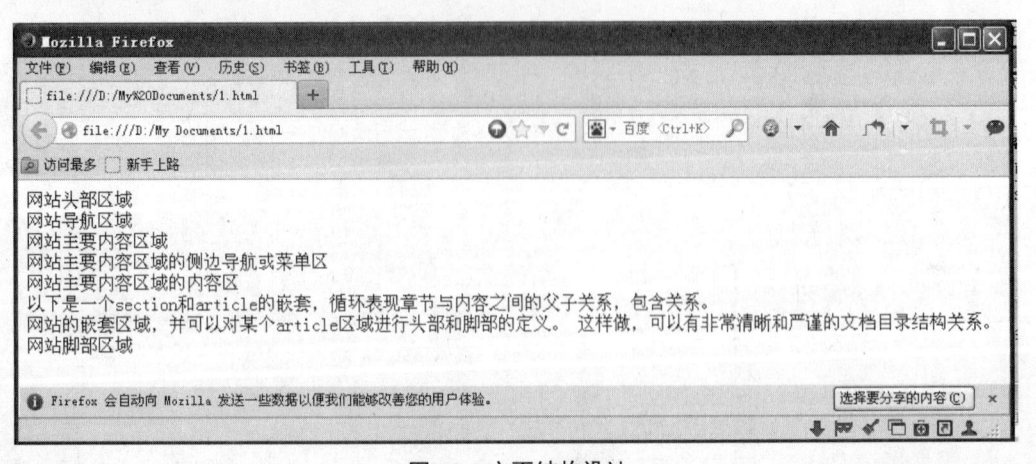

图2.7　主页结构设计

2.4　任务拓展——常见的HTML5错误用法

1．不要使用 section 作为 div 的替代品

人们在标签使用中最常见到的错误之一就是随意将 HTML5 的 <section> 等价于 <div>。具体地说，就是直接用作替代品（用于样式）。这样使用并不正确。<section> 并不是样式容器。section 元素表示的是内容中用来帮助构建文档概要的语义部分，它应该包含一个头部。如果想找一个用作页面容器的元素（就像 HTML 或者 XHTML 的风格），可以直接把样式写到 body 元素上。如果仍然需要额外的样式容器，还是继续使用 div 吧。

2．只在需要的时候使用 header 和 hgroup

写不需要写的标签当然是毫无意义的，但我们经常看到 header 和 hgroup 被无意义地滥用。

header 元素表示的是一组介绍性或者导航性质的辅助文字，经常用作 section 的头部。当头部有多层结构时，比如有子头部、副标题、各种标识文字等，使用 hgroup 将 h1 ～ h6 元素组合起来作为 section 的头部。

3．不要把所有列表式的链接放在 nav 里

nav 元素表示页面中链接到其他页面或者本页面其他部分的区块，包含导航连接的区块。

> **注　意**
>
> 不是所有页面上的链接都需要放在nav元素中——这个元素本意是用作主要的导航区块。举个具体的例子，在footer中经常会有众多的链接，比如服务条款、主页、版权声明页等。footer元素自身已经足以应付这些情况，虽然nav元素也可以用在这里，但通常认为是不必要的。

4．不是所有的图片都是 figure

很多网站把所有的图片都写作 figure，这是很普通的错误。如果纯粹只是为了呈现的图，也不在文档其他地方引用，那就绝对不是 <figure>。进一步说，logo 也不适用于 figure。figure 只应该被引用在文档中，或者被 section 元素围绕。

规范中将 figure 描述为："一些流动的内容，有时候会有包含于自身的标题说明。一般在文档流中会作为独立的单元引用。"这正是 figure 的美妙之处——它可以从主内容页移动到 sidebar 中，而不影响文档流。

5．form 属性的错误使用

有一些新的 form 属性是布尔型的，意味着它们只要出现在标签中，就保证了相应的行为已经设置。这些属性包括：

- autofocus。
- autocomplete。
- required。

以 required 为例，常见的是下面这种：

```html
<!-- 请不要复制这段代码！这是错的！ -->
<input type="email" name="email" required="true" />
<!-- 另一个错误的例子 -->
<input type="email" name="email" required="1" />
```

严格来说，这并没有大碍。浏览器的 HTML 解析器只要看到 required 属性出现在标签中，那么它的功能就会被应用。但如果反过来写 required="false" 呢？

```html
<!-- 请不要复制这段代码！这是错的！ -->
<input type="email" name="email" required="false" />
```

解析器仍然会将 required 属性视为有效并执行相应的行为，尽管你试着告诉它不要去执行了。这显然不是你想要的。

上述例子的正确写法应该是：

```html
<input type="email" name="email" required />
```

2.5　练习与实训

一、思考题

1. HTML5 新的 DocType 和 Charset 是什么？
2. 与 HTML4 比较，HTML5 废弃了哪些元素？
3. HTML5 有哪些不同类型的存储？

二、上机实训

设计创建一个符合 W3C 标准的 HTML5 网页。

任务 *3*

构建网站层叠样式表

学习目标

知识目标

- 掌握如何构建CSS3样式
- 掌握如何在网页中引用CSS3样式
- 理解CSS3盒子模型

技能目标

在网页中构建及引用 CSS3 样式

3.1 任务描述

在制作网页时，采用 CSS 技术便可以轻松而又有效地对页面的整体布局、字体、颜色、链接、背景和其他效果实现精确控制，而且修改起来也非常简单，只要将相应的代码做一些简单的修改，就可以改变同一页面的不同部分，或者不同页面的外观和格式，真正实现页面内容与表现形式分离。通常将样式表保存为一个单独的样式表文件，这样做有如下好处：

（1）一个外部样式表文件可以应用于多个页面。当改变这个样式表文件时，所有页面的样式都会随之改变。在制作大量相同样式页面的网站时非常有用，不仅减少了重复的工作量，而且有利于以后的修改、编辑，浏览时也减少了重复下载代码。

（2）简化了网页的格式代码，外部的样式表还会被浏览器保存在缓存里，加快了下载显示的速度，也减少了需要上传的代码数量（因为重复设置的格式将被只保存一次）。

本项目网站同样将构建一个名为 main.css 的文件来存放所有样式表。

3.2 核心知识

3.2.1 CSS基本语法规则

CSS 的语法规则比较简单，由 3 部分组成：选择器、属性和值，写法如下：

```
selector {property: value}
```

其中选择器规定了样式的影响范围，属性是希望更改的外观项目，值为该项目可以选择的值，如样式 body { color : red } 的含义是将 body 元素中的文本颜色变为红色。

样式的属性和值放在一对花括号内，如果有多对属性和值，中间用英文分号分隔。CSS 对属性和值的大小写不敏感。

3.2.2 样式的引用方式

有多种方式将样式定义引入 HTML 页面中，最常见的做法是将所有的样式保存在扩展名为 .css 的文件中，然后在 <head> 元素中通过 <link> 元素引入，这样可以让多个 IITML 页面引用同一个 CSS 样式，如下面的代码所示：

```
<link rel="stylesheet"type="text/css" href="样式文件地址" >
```

也可以在 <style> 元素中通过 "@import" 指令引用 CSS 文件，但部分浏览器不支持这种写法。

```
<style>
    @import : url('样式文件地址')
</style>
```

如果样式规则不需要被多个页面重用，也可以直接写在 <style> 元素中，称之为页面内样式，如下所示：

```
<style>
    body { color : red }
</style>
```

如果样式规则只对某元素生效，也可以将样式规则写在该元素的 style 属性中，称之为内联样式。大量使用内联样式会混淆 CSS 代码与 HTML 代码，并不推荐，如下所示：

```
<p style="font-size : 14pt; color : red">红色的文本</p>
```

如果多种样式之间存在冲突，其优先级是：内联样式→页面内样式→ @import 引入的样式→ <link> 引入的样式。

> **注 意**
>
> CSS中的注释为 "/*注释内容*/" 格式。

3.2.3 选择器分类

1. 简单选择器

简单选择器分为标记选择器、类选择器和 ID 选择器 3 种。

1）标记选择器

在 HTML 网页中，使用 HTML 的标记本身作为定位选择器，称为标记选择器。HTML 标记本来都有自己确定的样式（HTML 样式），但在 CSS 中可以再给这些标记增加新的样式，当新增的样式和原有样式冲突时，以新定义的样式为准。例如，<p> 标记用来表示段落，除此以外并无其他意义。但如果我们定义如下 CSS 样式：

```
p{font-size: 18px;          font-style: italic;}
```

此时，<p> 标记除了表示一个段落外，文字的字号变成 18 像素大小，并向右倾斜。并且，同一页面中所有 <p> 标记的地方都会受到影响，变成相同的样式。

由此看来，标记选择器的定义格式为：

```
标记名{样式}
```

所有的 HTML 标记符号都可以作为标记选择器。

【示例 3.1】HTML 标记选择器。

```
<!DOCTYPE html>
<html>
<head>
<meta charset="utf-8">
<title>标记选择器</title>
    <style type="text/css">
<!--
h1 {  font-family: "华文楷体";
    font-size: 36px;
    color: #FF0000;
}
p {  font-family: "隶书";
    font-size: 24px;
    color: #0000FF;
}
-->
 </style>
</head>
<body>
<h1>标记选择器</h1>
<p>HTML标记选择器</p>
<p>标记选择器会影响到整个文档</p>
</body>
</html>
```

效果如图 3.1 所示。

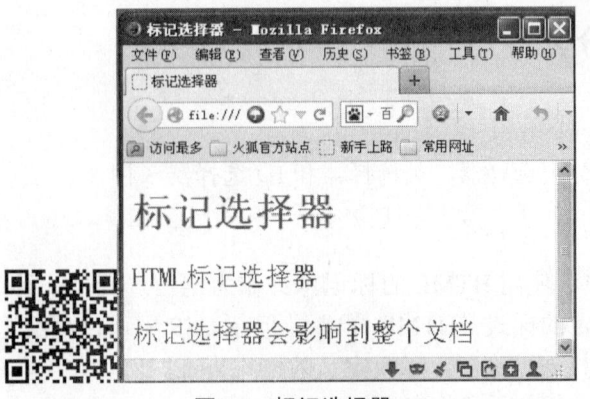

图3.1　标记选择器

由此可见，页面中 <h1> 标记中的文字不再是原来的 1 号标题字大小，而是变成了 36 像素大小、华文楷体，并且是红色的文字。

> **注 意**
>
> 标记选择器的标记名不可随便起，必须是HTML5中已有的标记名，或者说，只能在已有的HTML5标记中选择标记选择器。

2）类选择器

标记选择器一旦定义，就会影响到整个网页。例如页面中所有的 <h1> 标记中的文字都会变成红色、36 像素大小、华文楷体。那么，如果我们希望其中的某个 <h1> 标记中的文字不是红色而是蓝色，这时仅仅使用标记选择器就不够了，还需要引入类（class）选择器。

类选择器定义的格式如下：

```
.类名称 {样式}
```

> **注 意**
>
> 类选择器必须以 "." 开头，后面跟类名称。类的名称可以随便起，这一点不同于标记选择器。但名字的含义尽量和它的内容接近，这样见到了名字就大概了解了它的样式。

【示例 3.2】页面中有 3 行文字，都使用 <p> 标记。但是每行文字的颜色不同，分别为红、绿、蓝色。代码如下：

```html
<!DOCTYPE html>
<html>
<head>
<meta charset="utf-8">
<title>类选择器</title>
<style>
    .red{color:#F00;font-size:18px}
    .green{color:#0F0;font-size:24px}
    .blue{color:#00F;font-size:36px}
</style>
</head>
<body>
    <p class="red">类选择器1</p>
    <p class="green">类选择器2</p>
    <p class="blue">类选择器3</p>
</body>
</html>
```

运行效果如图 3.2 所示。

本例中定义了 3 个类选择器：.red、.green 和 .blue。.red 样式为红色，文字大小为 18px；.green 样式为绿色，文字大小为 24px；.blue 样式为蓝色，文字大小为 36px。这 3 种样式分别应用到 3 行 <p> 段落中。

图3.2　类选择器

3）ID 选择器

如果在网页中使用 id 号来标识元素，则可以使用 ID 选择器来定位该元素。ID 选择器的定义格式如下：

```
#id号{样式}
```

注 意

id 属性只能在每个 HTML 文档中出现一次。

【示例 3.3】网页中有 3 行文字，3 个 <p> 标记的 id 号分别为 hang1、hang2、hang3，实现与示例 3.2 同样的效果。

```
<!DOCTYPE html>
<html>
<head>
<meta charset="utf-8">
<title>ID选择器</title>
<style>
#hang1{color:#F00;font-size:18px}
#hang2{color:#0F0;font-size:24px}
#hang3{color:#00F;font-size:36px}
</style>
</head>
<body>
```

```
<p id="hang1">ID选择器1</p>
<p id="hang2">ID选择器2</p>
<p id="hang3">ID选择器3</p>
</body>
</html>
```

代码运行效果如图3.3所示。

图3.3　ID选择器

本例在3个 <p> 段落中分别定义了3个ID值：id="hang1"、id="hang2"、id="hang3"。然后，在 HTML 文档头部 <style> 标记中定义了样式，用的是 ID 选择器 #hang1、#hang2、#hang3。

> **注 意**
>
> 只有先定义了id号后才能定义ID选择器。换言之，不能定义不存在id号的ID选择器。试验一下，如果把本例中id="hang1"改成id="r"，看看行的样式会是什么样子。

【示例3.4】3 种选择器使用综合举例。

```
<!DOCTYPE html>
<html>
<head>
<meta charset="utf-8">
<style>
 p{color:red;font-family:"隶书"}
 .BigFont {font-size: 200%}
 #blueback {background-color: blue}
</style>
</head>
</body>
<P>广东白云学院<span class="bigFont">信息工程系</span>
<span id="blueback">电子商务专业</span>学生名单</p>
</body>
</html>
```

浏览器显示结果如图 3.4 所示。

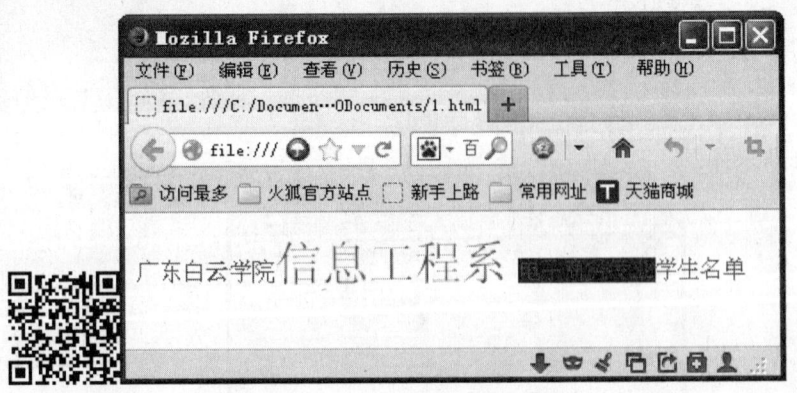

图3.4 CSS 3种选择器及其应用

2．复合选择器

实际网页中大部分用的是复合选择器。复合选择器分为交集选择器、并集选择器和后代选择器 3 种。

1）交集选择器

交集选择器是由两个选择器直接连接构成的，其结果是选中二者各自元素范围的交集。原理图如图 3.5 所示。

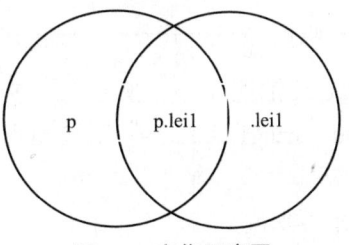

图3.5 交集示意图

> **注　意**
>
> 交集选择器实际上是标记选择器的扩充，目的是为了设置在同一页面中标记相同而位置不同的内容的样式。

【示例 3.5】交集选择器应用实例。

```html
<!DOCTYPE html>
<html>
<head>
<meta charset="utf-8">
<title>交集选择器</title>
<style>
```

```
        P{color:#00f;font-size:48px;font-family:"华文琥珀"}
        p.red{color:#F00;font-size:18px}
        p#p1{color:#0F0;font-size:36px}
</style>
</head>
<body>
    <p class="red">选择器1</p>
    <p>选择器2</p>
    <p id="p1">选择器3</p>
</body></html>
```

效果如图 3.6 所示。

图3.6　交集选择器

由示例 3.5 可见，交集选择器是由两个选择器直接连接构成。前面的选择器必须是标记选择器，后面的选择器可以是类选择器或 ID 选择器。两个相连的选择器之间不能有空格，必须连续书写，例如 p.red 或 p#p1。

回顾前几个例子可以发现，交集选择器的效果大都可以由简单选择器实现，故实际应用中其作用不大。

2）并集选择器

并集选择器就是将样式相同的选择器一次性并列声明。例如：

```
.Ys1, .lei1, b, #ts {color:red}
```

其中，.Ys1、.lei1、b、#ts 4 种选择器成为并集选择器。原理图如图 3.7 所示。

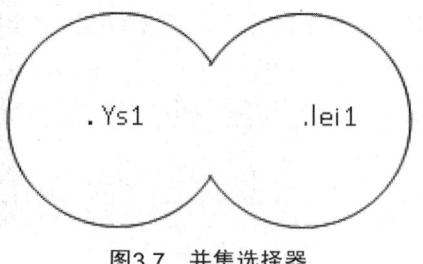

图3.7　并集选择器

交集选择器中并列声明的选择器类型是任意的，既可以使标记选择器、类选择器、ID选择器，也可以是简单选择器或复杂选择器，还可以是这些选择器的组合。

【示例 3.6】链接前、后文字为 24 号字、黑色、无下画线，当鼠标移到链接文字上时变红色字、黄底、有下画线。代码如下：

```html
<!DOCTYPE html>
<html>
<head>
<meta http-equiv="Content-Type" content="text/html; charset=utf-8" />
<title>并集选择器</title>
        <style type="text/css">
a:link,a:visited {
        font-size: 24px;
        text-decoration: none;
        color: #000000;
}
a:hover {
    font-size: 24px;
        color: #ff0000;
        text-decoration: underline;
        background-color: #ffff00;
}
        </style>
</head>
<body>
<a href="http://www.163.com">网易</a>
</body>
</html>
```

效果如图 3.8 和图 3.9 所示。

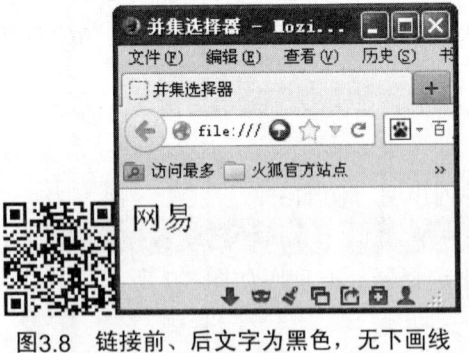

图3.8　链接前、后文字为黑色，无下画线

图3.9　鼠标覆盖时字为红色、黄底、有下画线

本例中链接前、后效果一样，故可用同一个样式，采用并集方式定义，代码如下：

```css
a:link,a:visited {
        font-size: 24px;
        text-decoration: none;
        color: #000000;
}
```

任务3　构建网站层叠样式表

3）后代选择器

在网页中标记元素嵌套是常有的事，有时嵌套得很深。为了对这些被嵌套的网页元素指定样式，可以使用后代选择器。后代选择器的写法就是把外层的标记写在前面，内层的标记写在后面，之间用空格分隔。

【示例3.7】后代选择器应用实例。

```
<!DOCTYPE html>
<html>
<head>
    <meta http-equiv="Content-Type" content="text/html; charset=utf-8" />
    <title>后代选择器</title>
<style>
    p span{color:#0000ff}
    p span b{color:#ff0000}
</style>
</head>
<body>
<p>这是外层文字<span>这是中间层的文字(蓝色)<b>这是最内层的文字(红色)</b> 颜色不一样，</span>看得出来。</p>
</body>
</html>
```

效果如图3.10所示。

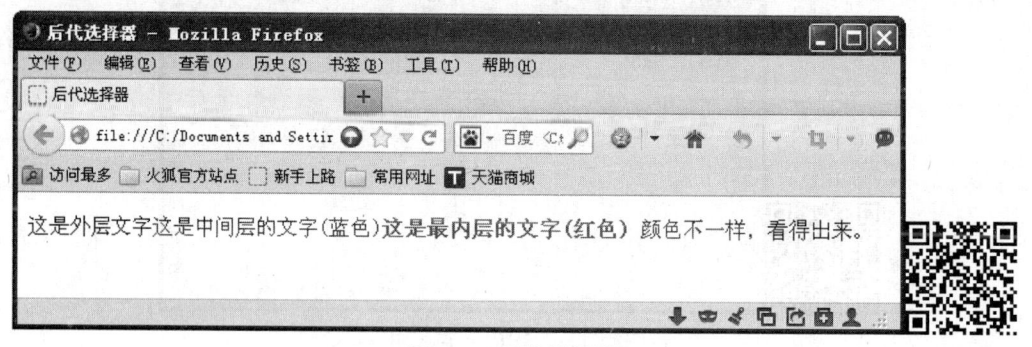

图3.10　后代选择器

本例中，最外层标记为 p（父选择器），中间层为 span（子选择器），最内层为 b（孙子选择器）。所以要选定中间层使其中文字变蓝时，应使用后代选择器 p span{color：#0000ff}；当选定最内层使其文字变红时，应使用 p span b{color：#ff0000}。

3.2.4　在HTML中使用CSS样式表的方法

在页面中使用 CSS 样式表有 3 种方式：嵌入式、头部式和外部式。

1．嵌入式

嵌入式是将样式表嵌入到 HTML 标记的属性中，一般用于偶尔在 HTML 标记中定义 CSS 样式的地方。

57

格式如下：

```
Style="属性名：属性值"
```

例如，若使某行文字为蓝色：

```
<p align="center" style="color:#00F" >嵌入式样式表</p>
```

其中，**align="center"** 是 <p> 的对齐属性，文字居中。这里将样式表作为 <p> 标记的属性对待，定义文字的颜色为蓝色。这种样式只在本句中有效。

【示例 3.8】CSS 内嵌式应用举例。

```
<!DOCTYPE html>
<html>
<head>
<meta charset="utf-8">
<title>CSS内嵌式应用</title>
</head>
<body>
    <p style="font-family:'华文琥珀'; font-size:36px; color:#FF0000">
CSS的内嵌式应用
</p>
</body>
</html>
```

效果如图 3.11 所示。

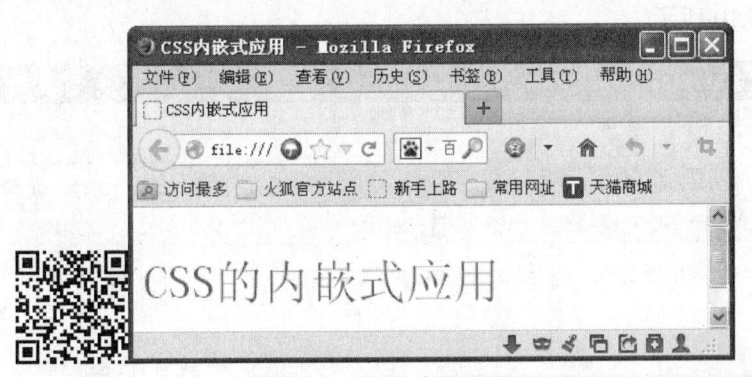

图3.11　CSS内嵌式应用

2. 头部式

一般都是将样式表定义在 HTML 的头部代码（<head>…</head>）中。这样定义的样式整个页面都可以使用。

格式：

```
<Style>
    样式列表
</style>
```

为了将样式表定义代码和 HTML 代码区分开，一般要使用 <style> 标记，头部式样式定义最为典型。前面学过的嵌入式样式也要用 style 关键字，但不作为标记。

前面讲过的示例 3.1、3.2、3.3、3.4 都是头部式样式定义的实例。

3．外部式

当在很多网页里都要使用相同的样式时，可采用外部样式表。外部样式表是将样式表建立在一个专门的文本文件中，该文件的文件名随便起，但扩展名必须是"．css"。应用时用一条语句链接或导入到相应的文件中即可。

【示例 3.9】链接外部 CSS 文件。

建立样式表文件 yangshi1.css 如下：

```
h1 {
    color: #0000FF;
}
p {
    color: #FF0000;
    text-decoration: underline;
}
```

建立网页文件 3_6.HTML，将以上 CSS 文件链接其中，方法如下：

```
<!DOCTYPE html>
<html>
<head>
<meta charset="utf-8">
<title>链接式</title>
 <link href="lianjieshi.css" rel="stylesheet" type="text/css">
</head>
<body>
    <h1>CSS标题</h1>
    <p>这是正文</p>
</body>
</html>
```

效果如图 3.12 所示。

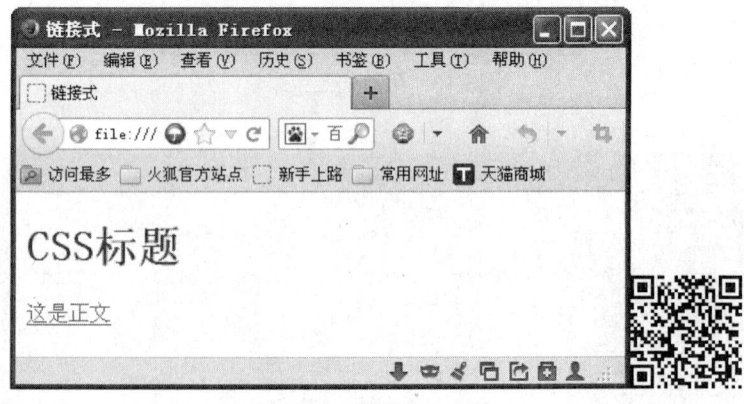

图3.12　链接CSS文件

本例中 HTML 网页文件要使用 lianjie.css 样式文件中定义的样式，则在网页头部（<head>…</head>）输入：

```
<link ref=stylesheet href="lianjie.css" type="text/css">
```

这种方式就是链接，将样式表链接到网页，该网页就可以使用样式表了。

还可以用导入的方法使用外部样式表。其格式为在头部输入如下语句：

```
<style>
        @import "liajie.css";
</style>
```

两种方法都可以使用外部样式表。将样式单独定义为一个文件，使用链接或嵌入的方法调用样式表。这种方法不受网页限制，只要定义好一个样式表文件，任何网页都可以使用。这就可以使整个网站的各个网页都使用同一个样式表，这样带来的好处是整个网站风格统一，网站维护、修改容易。同时，由于外部式方法实现了网页结构和表现的分离，最适合当前网页设计的主流要求。所以，目前绝大多数实用网站都使用外部式样式表。

3.2.5 综合实例——制作简单的竖型菜单

本实例通过制作一个简单的竖型菜单，讲解如何合理地使用选择器。本章例子中的菜单选项在静态时是褐色的，当鼠标滑过菜单选项时文字会放大变色，并且显示灰色底色。效果如图 3.13 所示。

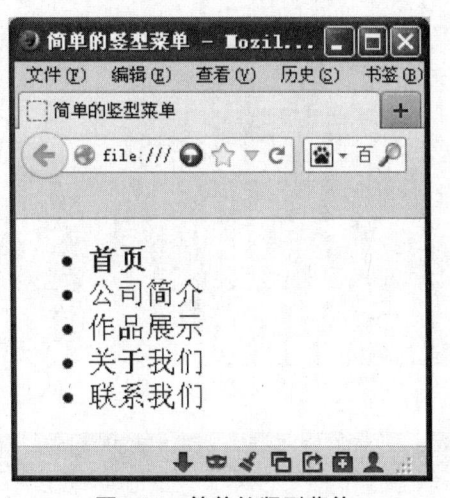

图3.13 简单的竖型菜单

代码如下：

```
<!DOCTYPE HTML>
<html>
<head>
<meta http-equiv="Content-Type" content="text/html; charset=utf-8">
<title>简单的竖型菜单</title>
<style type="text/css">
ul li{ font-size:20px; color:maroon;}
ul li a{ text-decoration:none; color:maroon;}
#bold{ font-weight:bold;}
ul li a:hover{ font-size:24px; color:#009; background:#cfcfcf;}
</style>
</head>
```

```html
<body>
    <ul>
        <li><a href="#" id="bold">首页</a></li>
        <li><a href="#">公司简介</a></li>
        <li><a href="#">作品展示</a></li>
        <li><a href="#">关于我们</a></li>
        <li><a href="#">联系我们</a></li>
    </ul>
</body>
</html>
```

3.3　任务实施

本章任务核心知识主要讲述了 CSS 基础语法。下面利用网页制作工具 Dreamweaver CS5 创建用来存放本网站所有样式表的 main.css 文件，具体操作如下。

（1）启动 Dreamweaver CS5，选择【文件】→【新建】命令，在弹出的对话框中，【页面类型】选择 CSS，单击【创建】按钮，如图 3.14 所示。

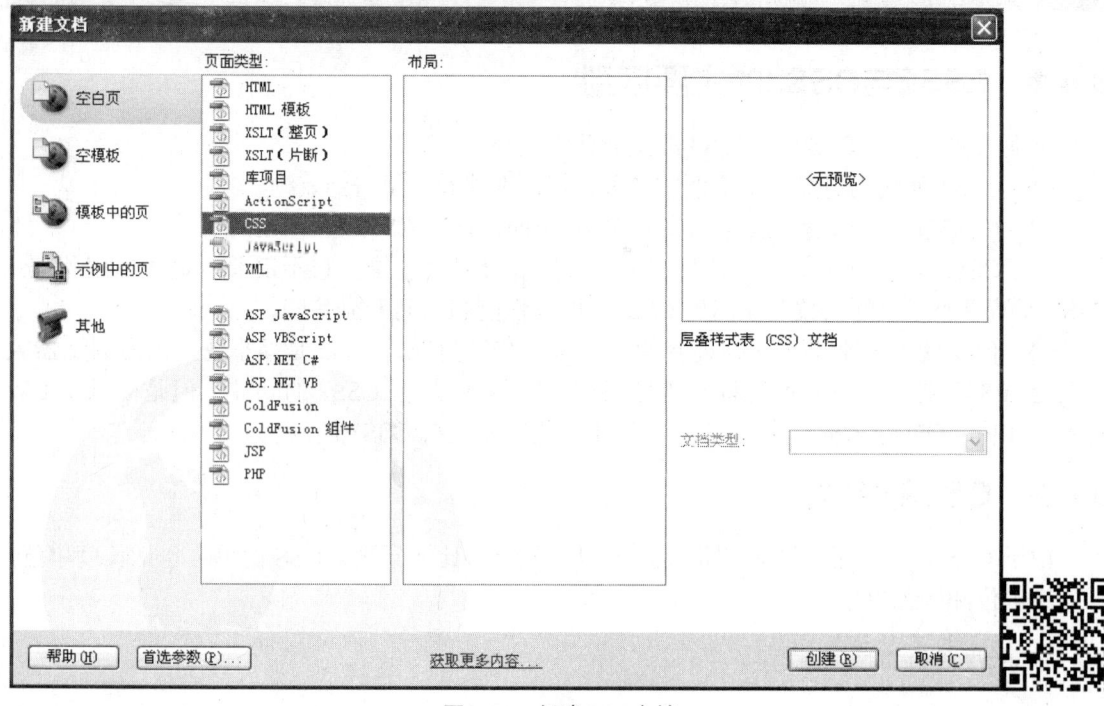

图3.14　创建CSS文档

（2）在新建的 main.css 文件中，添加一条全局选择器，设置整个网页所有元素的边距和补白初始值都为 0，如图 3.15 所示。

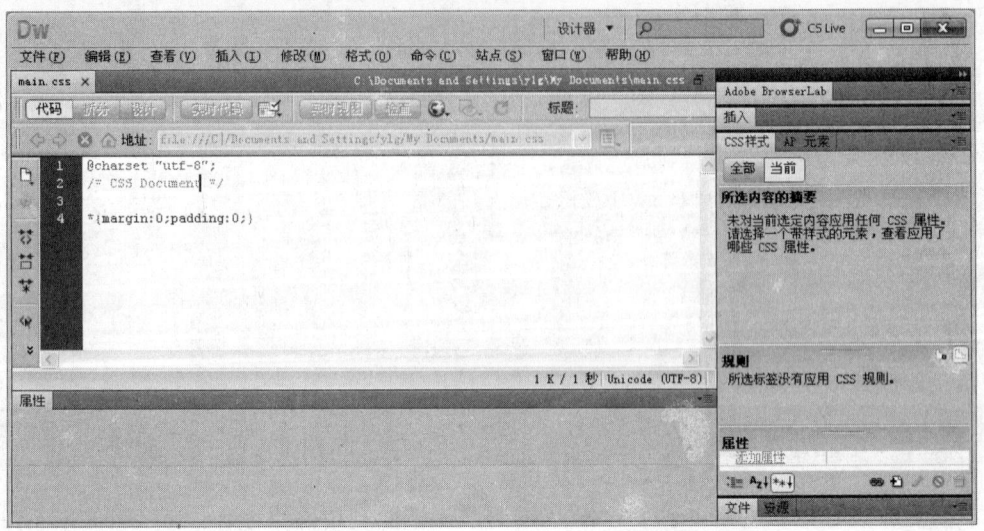

图3.15 在CSS文档中添加全局选择器

3.4 任务拓展

3.4.1 CSS2与CSS3的主要区别

下面来概述一下 CSS2 与 CSS3 的主要几点区别：

（1）CSS3 使代码更简洁，页面结构更合理，性能和效果得到兼顾。

（2）CSS3 的一个动态流概念很好，类似 Flash，这是 CSS2 无法比拟的。

（3）CSS3 数据更精简实用，许多 CSS2 要用图片做效果，它不需要，直接使用代码；CSS2 要请求服务器的次数明显高于 CSS3，所以性能和访问明显差些。

（4）但是就目前来讲，必须提到的一点是兼容性问题。CSS3 是新事物，国内浏览器大多还是 IE8 级别，大部分不支持 CSS3，所以目前只能加强 CSS2 的功效；但是可以用 DW CS6.0、IE9、FF4+、Chrome11+ 来进行调试，它们是支持 CSS3 的。

3.4.2 CSS的单位

由于 CSS 是一种排版的标记语言，所以单位显得比较重要。CSS 的单位包括长度单位、百分比单位和颜色单位。

1. 长度单位

一个长度的值由可选的正号（+）或负号（－）、接着的一个数字，以及声明单位的两个字母组成。在一个长度值之中是没有空格的。例如 1.3 em 就不是一个有效的长度值，但 1.3em 就是有效的。一个值为 0 的长度不需要单位声明。

无论是相对值还是绝对值长度，CSS 都支持。相对值单位确定一个相对于另一个长度属性的长度，因为它能更好地适应不同的媒体，所以是首选的。以下是有效的相对单位：

- em（em，元素的字体的高度）。
- ex（x-height，字母X的高度）。
- px（像素，相对于屏幕的分辨率）。

绝对长度单位视输出介质而定，所以逊色于相对单位。以下是有效的绝对单位：

- in（英寸，1英寸=2.54厘米）。
- cm（厘米，1厘米=10毫米）。
- mm（毫米）。
- pt（点，1点=1/72英寸）。
- pc（帕，1帕=12点）。

2．百分比单位

一个百分比之值由可选的正号（+）或负号（−）、接着的一个数字，以及百分号（%）组成，在一个百分比值中是没有空格的。

百分比是相对于默认数值的，同样用于定义每个属性。最常使用的百分比值是相对于元素的字体大小。

3．颜色单位

颜色值是一个关键字或一个 RGB 格式的数字。

Windows 的 VGA（视频图像阵列）形成了以下 16 个关键字：

Aqua,black,blue,fuchsia,gray,green,lime,maroon,navy,olive,purple,red,silver,teal,white,yellow。

RGB 颜色可以有以下 4 种形式：

- #rrggbb（如，#00cc00）。
- #rgb（如，#0c0）。
- rgb(x,x,x)，x是一个介于0～255的整数，如rgb(0,204,0)。
- rgb(y%,y%,y%)，y是一个介于0.0～100.0的整数，如rgb(0%,80%,0%)。

如表 3.1 所示为颜色表示方法。

表3.1　颜色表示方法

单位	描述
color_name	A color name (e.g. red) 颜色的名称（比如 red）
rgb(x,x,x)	An RGB value (e.g. rgb(255,0,0)) RGB值
rgb(x%, x%, x%)	An RGB percentage value (e.g. rgb(100%,0%,0%)) RGB占有百分比值
#rrggbb	A HEX number (e.g. #ff0000) 十六位数

HTML5+CSS3+JavaScript网页设计项目教程

如表 3.2 所示为颜色单位及其描述。

表3.2 颜色单位

单位	描述
%	percentage 百分比
in	inch 英尺
cm	centimeter 厘米
mm	millimeter 毫米
em	one em is equal to the current font size of the current element 相对长度单位。相对于当前对象内文本的字体尺寸
ex	one ex is the x-height of a font (x-height is usually about half the font-size) 相对长度单位是相对于字符"x"的高度，此高度通常为字体尺寸的一半
pt	point (1 pt is the same as 1/72 inch) 绝对长度单位 （1pt等于 1/72英寸）
pc	pica (1 pc is the same as 12 points) 绝对长度单位派卡（Pica）
px	pixels (a dot on the computer screen) 相对长度单位像素（Pixel）

3.5 练习与实训

一、选择和简答题

1. 下列选择器定义正确的是（ ）。

A. .ys1{color=#ff0000;fontsize=30px;}

B. ys1,ys2{font-size:30px color:#fff000}

C. ys1 #h1{background-color:#00ff00;border:1px dashed #0000ff}

D. #food ul li ,#life ul li{font-size=30px color=#f0f0f0f}

2. 说明下列样式选择器的类型和具体含义。

A. p{color:#ff0000}

B. .ys1{font-size:25px;}

C. #f1 ul li,#f2 ul li{list-style:none;}

D. #menu ul li a:link,#menu ul li a:visited {font-weight:bold;color:#666}

二、上机实训

综合使用本章介绍的样式，制作如图 3.16 所示效果的课程表。

任务3　构建网站层叠样式表

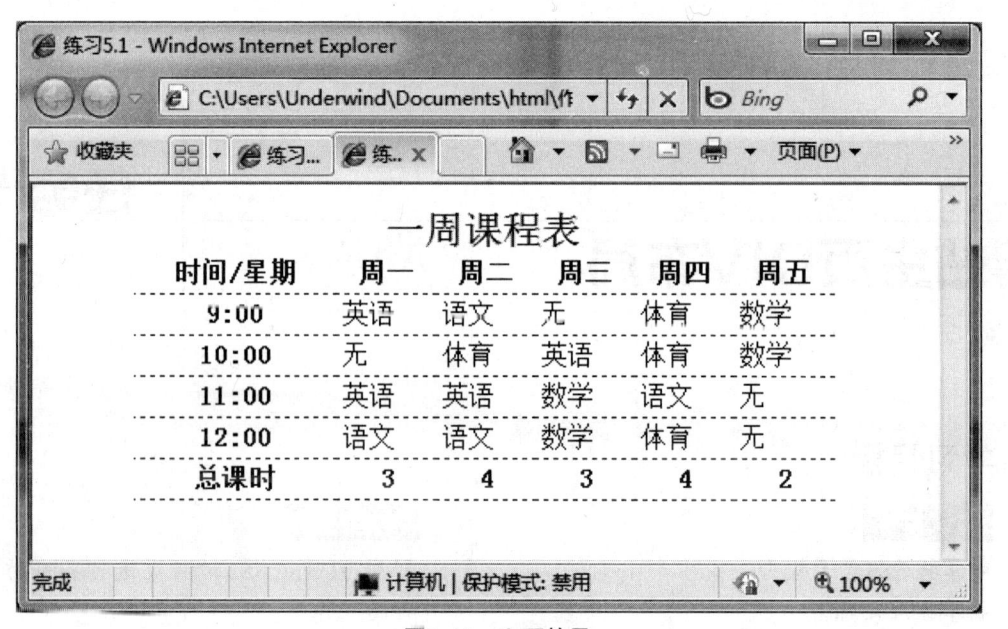

图3.16　页面效果

任务 4

网站主页DIV布局

学习目标

知识目标

- 掌握CSS盒子模型
- 掌握浮动布局方式
- 掌握相对定位布局方式
- 掌握绝对定位布局方式
- 掌握CSS3页面基本排版技术

技能目标

利用DIV+CSS3对网页进行各种方式的布局

4.1 任务描述

根据前一任务的方案规划图，我们将整个页面分为头部区域、导航区域、主体部分和底部，其中主体部分分为 content1、content2、content3、content4 共 4 个子部分，其中 content1、content2、content3 又分为左右两列，content2、content3 中的左列部分还继续细分，登录与注册按钮靠右放在页面的顶端，整个页面居中显示。

下面使用表格对首页导航页面的布局结构草图进行设计。主页布局结构草图如图 4.1 所示。

在以往的页面中都使用 Table 来进行布局，将页面划分为大的单元格，然后再在单元格中包含 Table 来进行再次布局。使用这种布局方式，页面上将嵌套大量的 table、tr 和 td 标签，维护起来是非常困难的。随着 CSS 的广泛使用，目前流行使用 CSS+DIV 的布局方式，该方式有以下几个优势。

- 样式与内容分离。使用DIV来放置页面内容，然后通过CSS来控制DIV的位置。这样页面的布局可以由CSS文件来控制，而没有混合在页面中。
- 加载效果更好。使用Table来布局，浏览器在加载页面内容的时候，必须要等到Table中所有的内容被加载完以后才能显示出来。而使用DIV，浏览器加载一个DIV的内容就显示一个。

任务4 网站主页DIV布局

- 采用DIV+CSS布局的网站对于搜索引擎很是友好的，因此其避免了Table嵌套层次过多而无法被搜索引擎抓取的问题，而且简洁、结构化的代码更加有利于突出重点和适合搜索引擎抓取。

登录与注册		
Logo	标题图片与Flash动画	
导航栏		
重点新闻图片轮显区域（content1左）		热点聚焦
		图片与标题序列（content1右）
新闻直击（content2左）		名家风范
行业动态	低碳环保	图片与标题序列（content2右）
国际新闻	骑行天下	
绿色活动（content3左1）	两型产品（content3左2）	绿色盟友
图片与标题序列	产品图片序列	盟友Logo序列（content3右）
精彩图片翻滚效果（content4）		
footer		

图4.1 主页布局结构草图

本任务将根据图 4.1 所示的主页布局结构草图，利用 CSS+DIV 实现网站主页布局。

4.2 核心知识

4.2.1 CSS盒子模型

盒子模型是 CSS 控制页面时一个很重要的概念,所有页面中的元素都可以看成一个盒子,占据着一定的页面空间。我们在网页设计中常听的属性名:内容（content）、填充（padding）、边框（border）、边界（margin）,CSS 盒子模式都具备这些属性。重要的属性含义如表 4-1 所示。

CSS 盒子模型的这些属性可以把它转移到日常生活中的盒子（箱子）上来理解,日常生活中所见的盒子也具有这些属性,所以叫它盒子模型。那么内容就是盒子里装的东西；而填充就是怕盒子里装的东西（贵重的）损坏而添加的泡沫或者其他抗震的辅料；边框就是盒子本身；至于边界则说明盒子摆放的时候不能全部堆在一起,要留一定空隙保持通风,同时也为了方便取出。在网页设计上,内容常指文字、图片等元素,但也可以是小盒子（DIV 嵌套）。与现实生活中的盒子不同的是,现实生活中的东西一般不能大于盒子,否则盒子会被撑坏的,而 CSS 盒子具有弹性,里面的东西大过盒子本身最多把它撑大,但不会损坏。填充只有宽度属性,可以理解为生活中盒子里的抗震辅料厚度；而边框有大小和颜色之分,又可以理解为生活中所见盒子的厚度及这个盒子是用什么颜色材料做成的；边界就是该盒子与其他东西要保留多大距离。如图 4.2 所示即为盒子模型原理图。

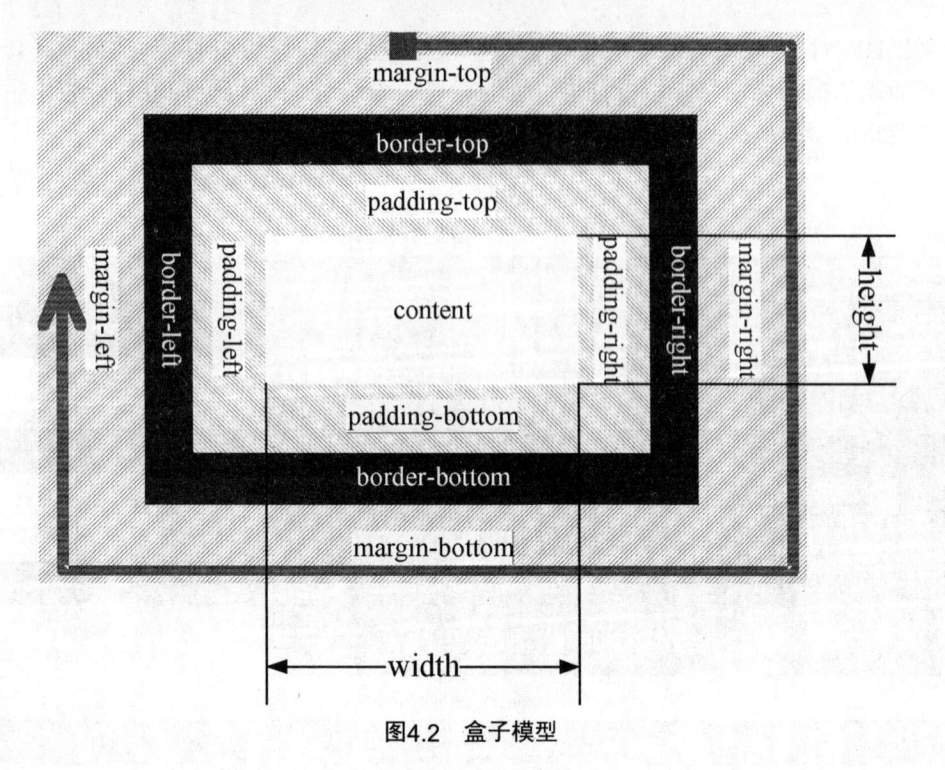

图4.2 盒子模型

表4.1 方框相关的各属性作用

属性名	作　用	可选值
width	设置元素的宽度	可使用像素或百分比等作为单位
height	设置元素的高度	可使用像素或百分比等作为单位
padding-left padding-top padding-right padding-bottom	分别设置上、下、左、右的间距	可使用像素或百分比等作为单位
padding	同时设置上、下、左、右的间距	可使用像素或百分比等作为单位
margin-left margin-top margin-right margin-bottom	分别设置上、下、左、右的边距	可使用像素或百分比等作为单位
margin	同时设置上、下、左、右的边距	可使用像素或百分比等作为单位

4.2.2　CSS浮动布局

1．什么是浮动

浮动是 CSS 的定位属性。我们可以看一下印刷设计来了解它的起源和作用。在印刷布局中，文本可以按照需要围绕图片，一般把这种方式称为"文本环绕"，如图 4.3 所示。

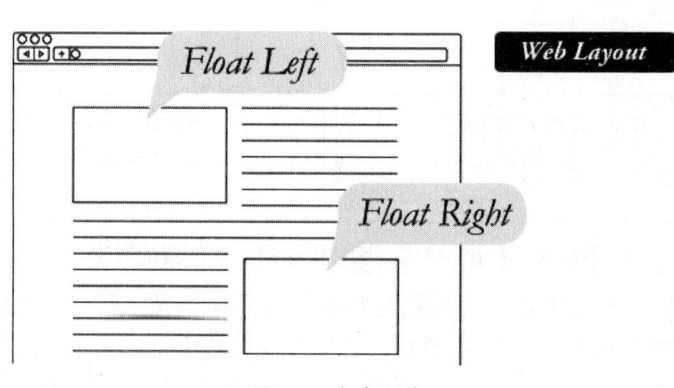

图4.3　文本环绕

在排版软件里面，存放文字的盒子可以被设置为允许图文混排，或者无视它。无视图文混排将会允许文字出现在图片的上面，就像它甚至不会在那里一样。这就是图片是否是页面流的一部分的区别。网页设计与此非常类似。

在网页设计中，应用了 CSS 的 float 属性的页面元素就像在印刷布局里面被文字包围的图片一样。浮动的元素仍然是网页流的一部分。这与使用绝对定位的页面元素相比是一个明显的不同。绝对定位的页面元素被从网页流里面移除了，就像印刷布局里面的文本框被设置为无视页面环绕一样。绝对定位的元素不会影响其他元素，其他元素也不会影响它，无论它是否和其他元素相邻。

像这样在一个元素上用 CSS 设置浮动：

```
#sidebar{ float: right; }
```

fload 属性有 4 个可用的值：Left 和 Right 分别浮动元素到各自的方向，None（默认的）使元素不浮动，Inherit 将会从父级元素获取 float 值。

2．浮动的作用

除了简单的在图片周围包围文字，浮动也可用于创建全部网页布局，如图 4.4 所示。

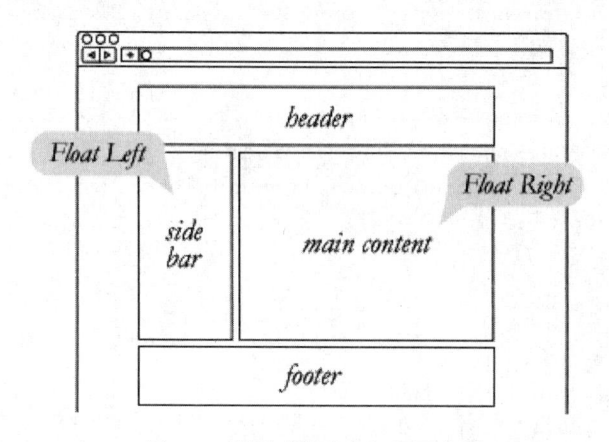

图4.4　用浮动创建全部网页布局

浮动对小型的布局同样有用。例如页面中的这个小区域。如果在小头像图片上使用浮动，当调整图片大小的时候，盒子里面的文字也将自动调整位置，如图 4.5 所示。

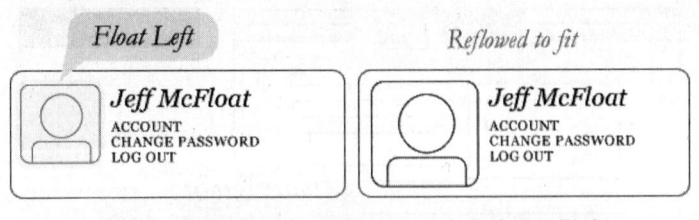

图4.5　使用浮动时，图片大小对文字位置的影响

同样的布局可以通过在外容器使用相对定位，然后在头像上使用绝对定位来实现。这种方式中，文本不会受头像图片大小的影响，不会随头像图片的大小而有相应变化，如图 4.6 所示。

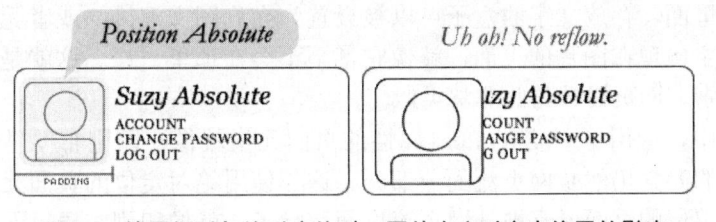

图4.6　使用相对与绝对定位时，图片大小对文字位置的影响

3．两个元素的浮动应用

在页面布局中，很多时候会使用两个元素的浮动应用。例如，页面为两分栏的结构、图文混排都应用了两个元素的浮动。

【示例 4.1】有 3 个 div 标签，其中一个命名为"father"的 div 标签是父元素，其余两个元素是子元素。对两个子元素都应用左浮动，代码如下：

```html
<!DOCTYPE HTML>
<html>
<head>
<meta http-equiv="Content-Type" content="text/html; charset=utf-8">
<title>两个元素的浮动应用</title>
<style type="text/css">
*{margin:0;padding:0;font-size:14px;}
div.father{width:300px;height:300px;border:1px solid black;margin:10px;}
div.one{width:100px;height:100px;background:#ccc;float:left;margin:10px;}
div.two{width:100px;height:100px;background:#999;float:left;margin:10px;}
</style>
</head>
<body>
<div class="father">
  <div class="one">第一个div</div>
   <div class="two">第二个div</div>
</div>
</body>
</html>
```

运行结果如图4.7所示。

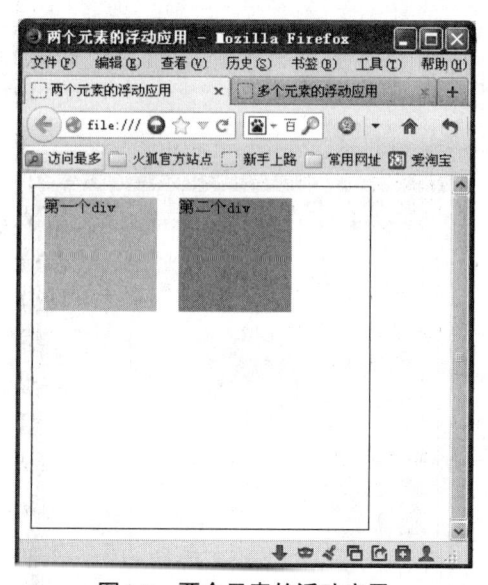

图4.7　两个元素的浮动应用

在图4.7中，第一个div和第二个div不再遵守常规流的布局方式，而是水平排列。设置第一个div的浮动属性为左浮动，它就会向其父元素的左边靠近，直到碰到父元素的边界。设置第二个div的浮动属性为左浮动，它就会紧跟着上一个div向左靠近，直到碰到第一个div的边界。

4．多个元素的浮动应用

在页面布局中，多个元素的浮动常用于相册、列表排版等。

【示例4.2】有4个div标签，其中一个命名为"father"的div标签是父元素，其余3个元素是子元素。对3个子元素都应用左浮动，代码如下：

```
<!DOCTYPE HTML>
<html>
<head>
<meta http-equiv="Content-Type" content="text/html; charset=utf-8">
<title>多个元素的浮动应用</title>
<style type="text/css">
*{margin:0;padding:0;font-size:14px;}
div.father{width:300px;height:300px;border:1px solid black;margin:10px;}
div.one,div.two,div.three{width:100px;height:100px;
background:#ccc;float:left;margin:10px;}
</style>
</head>
<body>
<div class="father">
  <div class="one">第一个div</div>
  <div class="two">第二个div</div>
```

```
    <div class="three">第二个div</div>
</div>
</body>
</html>
```

运行结果如图4.8所示。

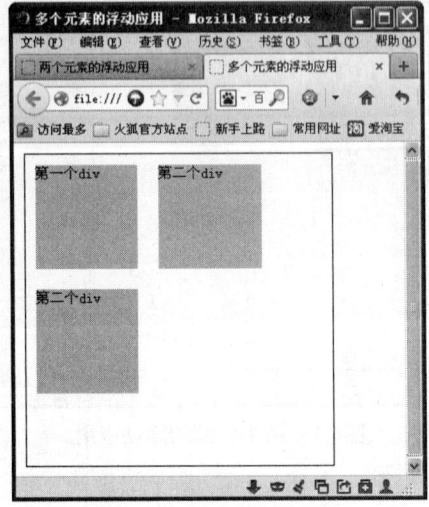

图4.8 多个元素的浮动应用

在图4.8中，3个元素应用了左浮动后，会按照水平方向排列。但由于父元素的宽度不足以容纳3个子元素在同一水平线上，所以第3个子元素就被挤压到第二行。修改3个子元素的宽度，代码如下：

```
div.one,div.two,div.three{width:80px;height:100px;
background:#ccc;float:left;margin:10px;}
```

执行以上修改后运行的效果如图4.9所示。

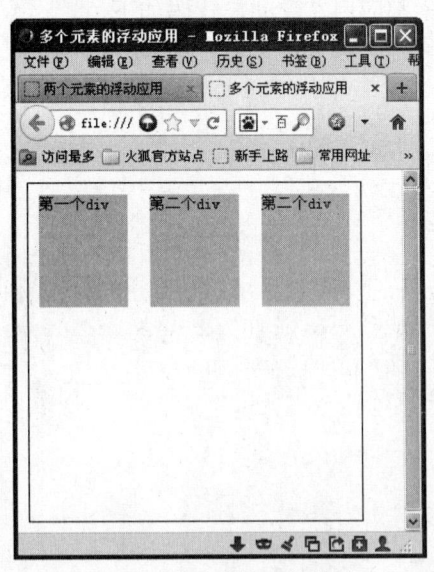

图4.9 修改后的运行效果

5．清除浮动

清除（clear）是浮动（float）的相关属性。一个设置了清除浮动的元素不会如浮动所设置的一样向上移动到浮动元素的边界，而是会忽视浮动向下移动。如图 4.10 所示为不清除浮动的效果。

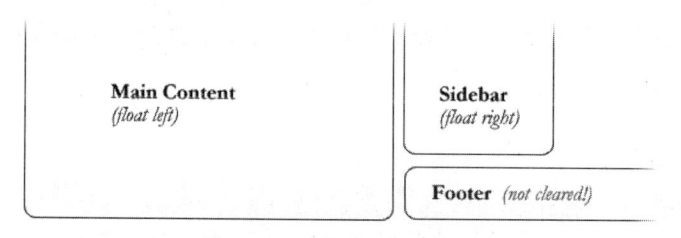

图4.10　不清除浮动的效果

上例中，侧栏向右浮动，并且短于主内容区域。页脚（footer）于是按浮动所要求的向上跳到了可能的空间。要解决这个问题，可以在页脚（footer）上清除浮动，以使页脚（footer）待在浮动元素的下面。

```
#footer { clear: both; }
```

清除浮动后的效果如图 4.11 所示。

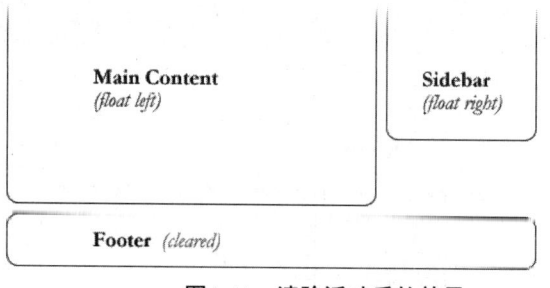

图4.11　清除浮动后的效果

清除（clear）也有 4 个可能值。最常用的是 both，清除左右两边的浮动；left 和 right 只能清除一个方向的浮动；none 是默认值，只在需要移除已指定的清除值时用到。inherit 应该是第 5 个值，不过很奇怪的是 IE 不支持。只清除左边或右边的浮动实际中很少见，不过绝对有它们的用处。

4.2.3　CSS相对定位

1．理解 CSS 相对定位

先来假设一个虚拟的场景：有一个矩形的房间，里面还有一个水桶装了些水，水里还浸泡着一个西瓜，这个房间半空中还有不少的钩子用来挂东西。现在把网页元素与上面物件相对应，那么房间就是一个网页，水桶是网页中的一个版块，桶中的水就是文本流，西瓜就是将要被定位的对象。

CSS 相对定位的一个最大特点是：自己通过定位跑开了还占用着原来的位置，不会让给周围的诸如文本流之类的对象。CSS 相对定位也比较独立，做什么事它自己说了算，要定位的时候，它是以自身所在位置偏移的（相对对象本身偏移）。再拿前边的例子来讲解，那么此时西瓜似乎是有魔法的，如果西瓜通过 CSS 相对定位在水桶中偏移了，你会看到一个现实生活中不存在的现象：水中有一个地方凹下去了，周围的水不能填补它，西瓜看起来在旁边，如果搅动一下桶中的水，那个凹的位置会发生改变（文本流对 CSS 相对定位对象还存在影响），但是凹处到西瓜出现的距离始终保持一致。可见文本流与它之间还会互相影响，因为对象并没有真正脱离文本流，就像有两个人在同一层楼水平移动的过程中总会有碰面的机会。

2. 用相对定位布局块级元素

元素设置 position 值：

```
position:relative
```

此属性值的设置，元素没有脱离文档流，还是普通流定位模型的一部分，会对文档流中的其他元素布局产生影响。

下面分 3 种情况分别对相对定位进行讨论。如图 4.12 所示为未定位时的初始效果。层级关系为：

```
<div
    <div> box1 </div>
    <div> box2 </div>
    <div> box3 </div>
</div>
```

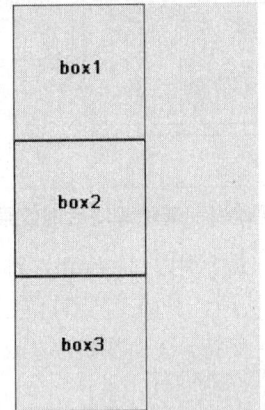

图4.12　未定位时的初始效果

1）仅使用 left、right、top 和 bottom 属性布局相对定位元素的情况

下面设置元素的 left 和 top 值，对 box2 进行布局，可以发现除了 box2 偏移之外，其他块级元素的位置没有被影响，可见 box2 的占位空间还是存在的（说明：蓝色代表占位空间，红色代表元素）。

层级关系为：

```
<div
    <div> box1 </div>
    <div> box2 </div> ----position:relative ; top:-60px; left:80px;
```

```
    <div> box3 </div>
</div>
```

效果如图 4.13 所示。

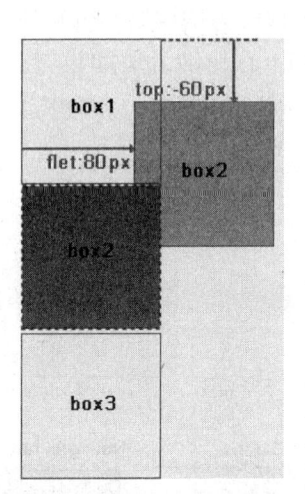

图4.13　对box2定位时的效果

2）仅使用 margin 属性布局相对定位元素的情况

用 margin-bottom 属性和 margin-top 属性设置负值可以改变文档流中所占空间的高度，会影响文档流中的其他元素位置。例如：margin-top: 负值；margin-bottom: 负值。

在图 4.14 中，box1 和 box2 都设置了元素 margin-bottom 的值，值等于它们高度的负值。box1 和 box2 物理空间没有改变，占位空间高度为 0。box3 的 margin-bottom 值设置为 0，物理空间没有改变，占位空间高度不变。再通过 margin-left 对 box2 和 box3 设置左偏移值。

层级关系为：

```
<div
  <div> box1 </div>---- position:relative ; margin-bottom:-102px;
   <div> box2 </div> ---- position:relative ; margin-bottom:-102px; margin-
left:110px;
    <div> box3 </div>---- position:relative ; margin-bottom:0px; margin-
left:220px;
  </div>
```

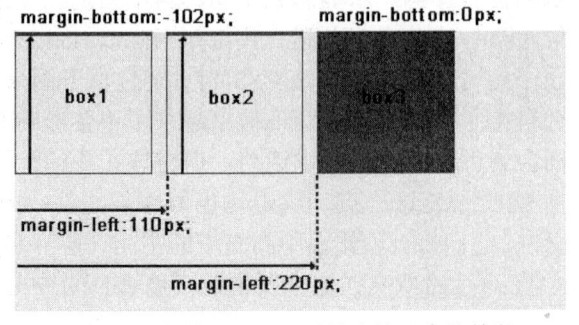

图4.14　仅使用margin属性定位元素的效果

3）混合使用 left、right、top、bottom 属性与 margin 属性布局相对定位元素的情况

此情况，它们的值会产生累加的效果。在 CSS2.1 中所有的浏览器都使用外边距边界来完成偏移计算。本文从数学的角度理解为偏移属性值和外边距属性值累加。

在图 4.15 中，box2 是在图 4.14 的基础上增加设置 left 的值产生的效果，可见 margin-left 的值和 left 的值产生了累加（偏移量：80px = 110px − 30px）。

层级关系为：

```
<div
  <div> box1 </div>---- position:relative ; margin-bottom:-102px;
  <div> box2 </div>---- position:relative; ; margin-bottom:-102px;margin-
left:110px; flet:-30px;
  <div> box3 </div>---- position:relative ; margin-bottom:0px; margin-
left:220px;
  </div>
```

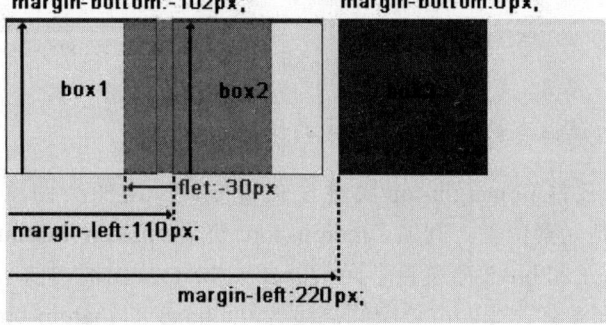

图4.15　混合布局定位效果

4.2.4　CSS绝对定位

1．理解 CSS 绝对定位

对照前面解释，如果西瓜被赋予 CSS 绝对定位，那么就等于把西瓜从水中捞起来挂在半空中的钩子上，水桶中西瓜原来占用的空间水会自动填补它（CSS 绝对定位对象会让出自己原先占用位置，所以说它是贡献的）。此时如果之前没有对水桶进行定位设定，那么被拿起的西瓜位置不会再受水桶位置影响，水桶怎么移动，西瓜还是挂在原来位置。至于西瓜要怎么放，则以房间左上角（body 左上角）为准，用 left、right、top、bottom 值来定位。

但是如果水桶也给出了定位设置（通常是 CSS 相对定位，下面来讲这一实用技巧），此时西瓜的摆放就没有那么自由了，尽管此时西瓜被拿起来了不会影响水桶中的水（文本流），但它还是要听桶的话，桶会告诉西瓜"你可以活动，但应该在我的范围内走动，比方说我要你在我左上方 1 米处，你就要跟死这一点，我走你也要跟着走"。如果桶中有很多个西瓜，可以全部拿出来吊到半空中，它们将被安排在不同高度的空间（层），所以从房顶垂直往下看，有可能看到不同西瓜层叠在一起的情况（这个所谓的高度在网页中是不存在的，就像 Flash

动画中的不同层上安排了元素，但它们在看时不会有深度感觉）。可见 CSS 绝对定位的对象参考目标是它的父级，专业称之为包含块。

2．用绝对定位布局块级元素

设置 position 值：

```
position:absolute;
```

此属性值的设置，元素从文档流完全删除。

下面分 3 种情况分别对绝对定位进行讨论。

1）仅使用 left、right、top 和 bottom 属性布局绝对定位元素的情况

绝对定位元素的偏移位置以最近的定位（包括相对定位和绝对定位）祖先元素作参照物。如果元素没有已定位（包括相对定位和绝对定位）的祖先元素，那么它的参照物为顶级元素。

设置元素为绝对定位元素后，元素的 left、right、top 和 bottom 属性默认值不是 0，只是将元素脱离文档流。以下例子说明了这个问题。

在图 4.16 中，将橘黄色的祖先元素设置为定位元素（即参照物），box2 设为绝对定位，文档流由 box1-box2-box3 变为 box1-box3，可 box2 却没有移动到距离参照物 0 值的位置上，可见 box2 的 left、right、top 和 bottom 属性默认值不等于 0，它只是脱离了文档流而已。

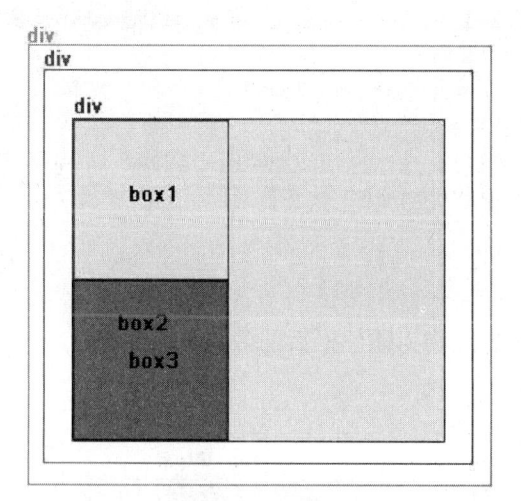

图4.16　box2的Left、Right、Top和Bottom属性值不设时

层级关系为：

```
<div> ——position:relative 参照物
  <div>--——没有设置为定位元素，不是参照物
    <div>——-没有设置为定位元素，不是参照物
      <div> box1</div>
      <div> box2</div> ——position:absolute
      <div> box3</div>
    </div>
  </div>
</div>
```

但当有多个祖先设置了定位时，以最近的祖先定位元素为参照物。

在图 4.17 中，box2 设置成绝对定位元素，脱离了文档流，文档流由 box1-box2-box3 变为 box1-box3，box2 以最近的定位祖先（蓝色框）为参照物。

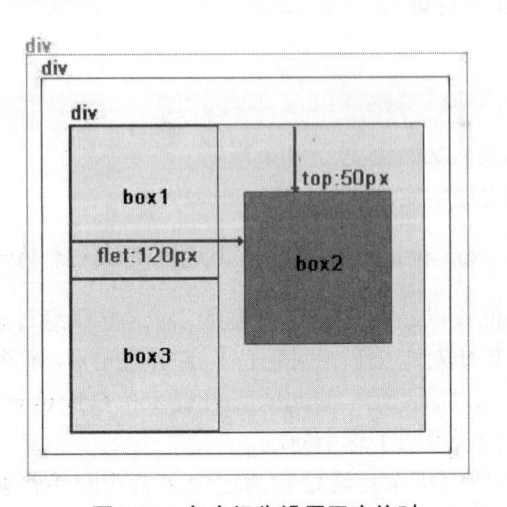

图4.17　多个祖先设置了定位时

层级关系为：

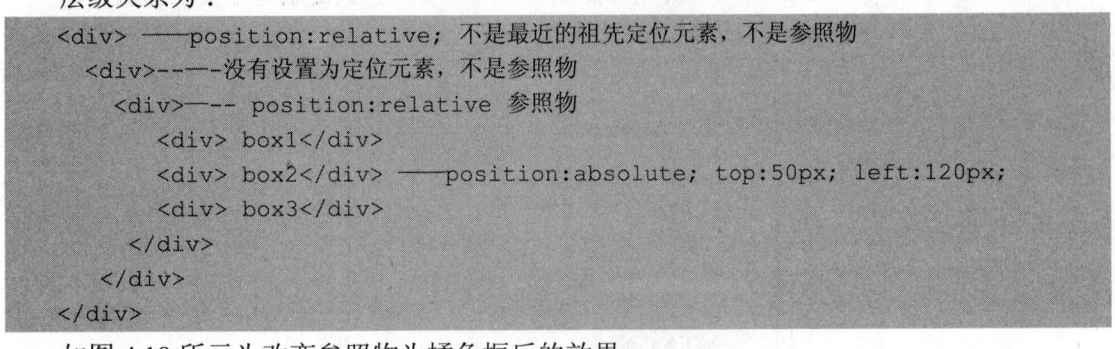

```
<div> ——position:relative; 不是最近的祖先定位元素，不是参照物
  <div>--——没有设置为定位元素，不是参照物
    <div>——- position:relative 参照物
      <div> box1</div>
      <div> box2</div> ——position:absolute; top:50px; left:120px;
      <div> box3</div>
    </div>
  </div>
</div>
```

如图 4.18 所示为改变参照物为橘色框后的效果。

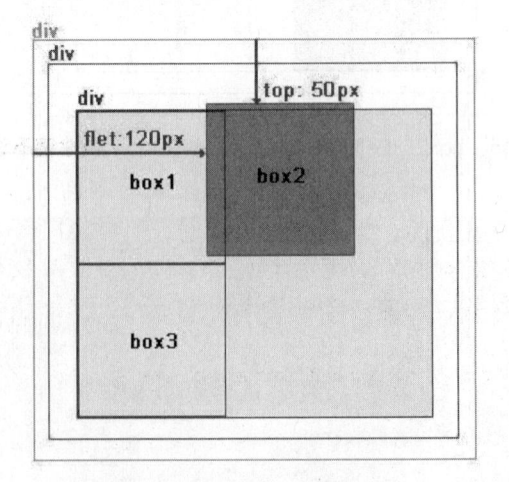

图4.18　参照物为橘色框的效果

层级关系为：

```
<div> ——position:relative;最近的祖先定位元素，参照物
  <div>--—-没有设置为定位元素，不是参照物
    <div>——--没有设置为定位元素，不是参照物
      <div> box1</div>
      <div> box2</div> ——position:absolute; top:50px; left:120px;
      <div> box3</div>
    </div>
  </div>
</div>
```

如果参照物为顶级元素呢？

层级关系为：

```
<div> ——没有设置为定位元素，不是参照物
  <div>--—-没有设置为定位元素，不是参照物
    <div>——--没有设置为定位元素，不是参照物
      <div> box1</div>
      <div> box2</div> ——position:absolute; top:50px; left:120px;
      <div> box3</div>
    </div>
  </div>
</div>
```

效果如图 4.19 所示。

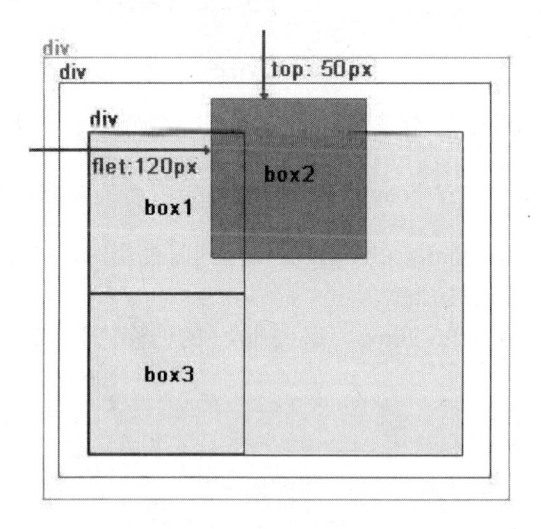

图4.19　参照物为顶级元素

2）仅使用 margin 属性布局绝对定位元素的情况

此情况，margin-bottom 和 margin-right 的值不再对文档流中的元素产生影响，因为该元素已经脱离了文档流。另外，不管它的祖先元素有没有定位，都是在文档流中原来所在的位置上偏移参照物。

在图 4.20 中，使用 margin 属性布局相对定位元素。

层级关系为：

```
<div> ——position:relative; 不是参照物
  <div>----没有设置为定位元素，不是参照物
    <div>---没有设置为定位元素，不是参照物
      <div> box1</div>
        <div> box2</div> ——position:absolute; margin-top:50px; margin-
left:120px;
        <div> box3</div>
    </div>
  </div>
</div>
```

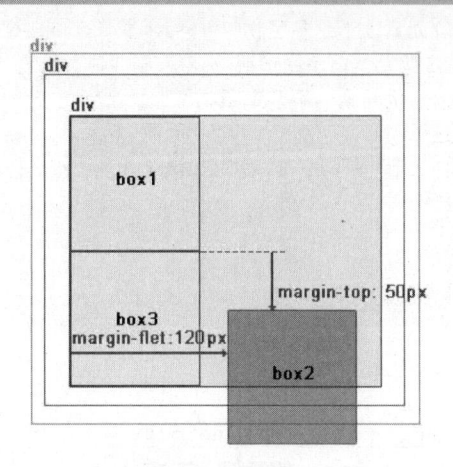

图4.20　仅使用margin属性布局绝对定位元素

3）混合使用 left、right、top、bottom 属性与 margin 属性布局相对定位元素的情况

当 margin 属性和 top、bottom、left、right 属性同时使用时，如果同一方向偏移，它们的值会产生累加的效果，如图 4.21 所示。

例如，margin-left:120px; left:−20px;，那么 box2 的偏移值为 120px−20px=100px。

层级关系为：

```
<div> ——不是参照物
  <div>----不是参照物
    <div>--- position:relative; 是参照物
      <div> box1</div>
        <div> box2</div> ——position:absolute; margin-left:120px;
left:-20px; top:50px;
        <div> box3</div>
    </div>
  </div>
</div>
```

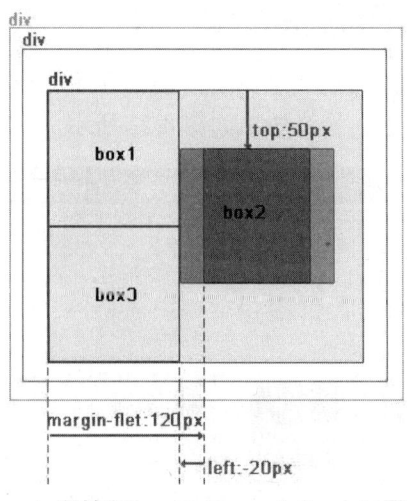

图4.21　margin属性和top、bottom、left、right属性同时使用

另外，绝对定位和相对定位的累加效果不同。如果 top、bottom、left、right 属性和 margin 属性偏移的方向相反，top、bottom、left、right 属性值有效，反方向的 margin 属性值无效，如图 4.22 所示。

层级关系为：

```
<div> ——不是参照物
  <div>--—-不是参照物
    <div>——- position:relative; 是参照物
      <div> box1</div>
        <div> box2</div> ——position:absolute; margin-left:120px;
right:10px; top:50px;
        <div> box3</div>
    </div>
  </div>
</div>
```

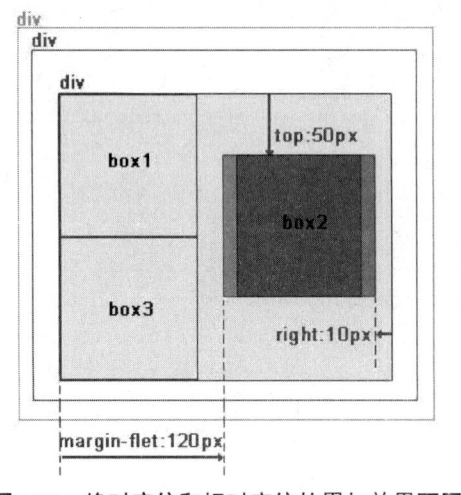

图4.22　绝对定位和相对定位的累加效果不同

4.2.5　综合实例——制作歌曲专辑列表

　　本实例介绍如何使用浮动来布局一个图文混排的歌曲专辑列表。这种混排的方式同样适用于其他图文混排的信息列表中。最终效果如图 4.23 所示。

图4.23　歌曲专辑列表

　　代码如下：

```
<!DOCTYPE HTML>
<html>
<head>
<meta http-equiv="Content-Type" content="text/html; charset=utf-8">
<title>综合实例:制作歌曲专辑列表</title>
<style>
*{ margin:0;padding:0;}
div.block{ width:300px; border:1px solid #ccc; margin:20px;}
dl{ width:300px;   border-bottom:1px solid #ccc; }/**/
dt{ float:left; width:100px; height:100px; }
dt img{ display:block; margin:15px auto 0; border:1px solid #ccc;}
dd span{ font-size:12px; color:#333; display:block; line-height:24px; }
dd span a{ font-weight:bold; color:#172197;}
.clear{ clear:both;}
</style>
</head>
```

```html
<body>
    <div class="block">
        <dl>
        <dt><a href="#"><img src="images/set01.jpg"/></a></dt>
            <dd>
            <span>专辑名称：<a href="#">MagiK Great Hits</a></span>
            <span>歌手姓名：<a href="#">吴克群</a></span>
            <span>发行日期：2008年10月</span>
            <span>专辑语言：国语</span>
            <div class="clear"></div>
            </dd>
        </dl>

        <dl>
          <dt><a href="#"><img src="images/set02.jpg"/></a></dt>
            <dd>
            <span>专辑名称：<a href="#">1976 这个星球</a></span>
            <span>歌手姓名：<a href="#">1976</a></span>
            <span>发行日期：2008年10月</span>
            <span>专辑语言：国语</span>
            <div class="clear"></div>
            </dd>
        </dl>
        <dl>
          <dt><a href="#"><img src="images/set03.jpg"/></a></dt>
            <dd>
            <span>专辑名称：<a href="#">Infinity Journey</a></span>
            <span>歌手姓名：<a href="#">王菀之</a></span>
            <span>发行日期：2008年10月</span>
            <span>专辑语言：粤语</span>
            <div class="clear"></div>
            </dd>
        </dl>
        <dl>
          <dt><a href="#"><img src="images/set04.jpg"/></a></dt>
            <dd>
            <span>专辑名称：<a href="#">集乐星球</a></span>
            <span>歌手姓名：信</span>
            <span>发行日期：2008年10月</span>
            <span>专辑语言：国语</span>
            <div class="clear"></div>
            </dd>
        </dl>
    </div>
</body>
</html>
```

4.3 任务实施

1．初始化标签设置

对需要应用一致样式的标签预先进行设置，代码如下：

```
*{PADDING: 0px; MARGIN:0px;}      /* 设置整个网页所有元素的边距和补白初始值为0*/
a{text-decoration:none;}          /* 设置所有超链不带下画线*/
img{border:none;}                 /* 设置图片没有边框*/
body{font-size:14px;              /* 设置网页默认字体大小为14像素*/
font-family:Arial,Helvetica,san-serif;} /* 设置网页默认字体属性*/
}
```

2．构建网页整体布局

整个页面分为头部区域（header）、主体部分（main）和底部（footer）三部分。这三部分是垂直居中于页面的，所以不需要设置其浮动属性，代码如下：

```
.header{MARGIN: 0px auto; WIDTH: 980px;height:60px; }/* 设置网页头部header居中对齐，以及宽度和高度*/
.main{MARGIN: 0px auto; WIDTH: 980px; }/* 设置网页主体部分main居中对齐及宽度*/
.foot{MARGIN: 0px auto; WIDTH: 980px; }/* 设置网页尾部footer居中对齐及宽度*/
```

3．实现 main 容器中栏目的左右浮动布局

main 容器是放置网页主要内容的容器，它分为若干个子容器，有的子容器又分为左、右两个部分（leftcol 和 rightcol），如图 4.24 所示，有的子容器又分为左、中、右 3 个部分（leftcol、midcol 和 rightcol），如图 4.25 所示，分别放置不同的栏目。

图4.24　leftcol和rightcol两个部分

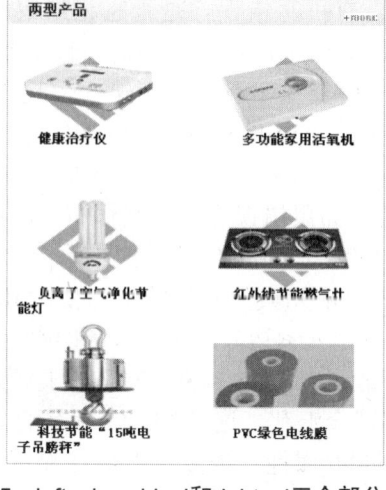

图4.25 leftcol、midcol和rightcol三个部分

下面实现左、右两个部分的子容器。设置 leftcol 为左浮动，rightcol 为右浮动。代码如下：

```
.leftcol{width:760px;float:left;} /* 设置leftcol宽度为760px，左浮动*/
.rightcol{width:210px;float:left;} /* 设置rightcol宽度为210px，右浮动*/
```

读者可能会有疑问：leftcol 和 rightcol 总共才 970 像素，还有 10 像素呢？根据网页方案规划图，liftcol 和 rightcol 之间有一定的间隙，这 10 像素就是用来调整它们之间距离的。具体代码如下：

```
.leftcol{width:760px;float:left; border:#9bc39b 1px solid;margin-
right:6px; }/* 设置leftcol宽度为760px，左浮动，边框颜色、1px宽度、实线，右边距6像素*/
.rightcol{width:205px;float:left; border: #9bc39b 1px solid;}
```

4．实现main容器中栏目的左、中、右浮动布局

接着实现左、中、右三个部分的子容器。设置 leftcol 为左浮动，milcol 为左浮动，rightcol 为右浮动。代码如下：

```
.leftcol{width:374px;float:left; border:#9bc39b 1px solid;margin-
right:6px; } /* 设置leftcol宽度为375px，左浮动，边框颜色、1px宽度、实线，右边距6像素*/
.milcol{width:378px;float:left; border:#9bc39b 1px solid;margin-right:6px;
} /* 设置milcol宽度为378px，左浮动*/
.rightcol{width:210px;float:left;} /* 设置rightcol宽度为210px，右浮动*/
```

4.4 任务拓展——DIV+CSS常见错误

CSS + DIV 是网站标准（或称"Web 标准"）中常用的术语之一，通常为了说明与 HTML 中的表格（table）定位方式的区别，应用 DIV+CSS 编码时很容易犯一些错误。下面列举一些常见的错误。

HTML5+CSS3+JavaScript网页设计项目教程

① 检查 HTML 元素是否有拼写错误、是否忘记结束标记。即使是老手也经常会弄错 DIV 的嵌套关系。可以用 Dreamweaver 的验证功能检查一下有无错误。

② 检查 CSS 是否正确。检查一下有无拼写错误、是否忘记结尾的 "}" 等。可以利用 CleanCSS 来检查 CSS 的拼写错误。CleanCSS 本是为 CSS "减肥" 的工具，但也能检查出拼写错误。

③ 确定错误发生的位置。如果错误影响了整体布局，则可以逐个删除 DIV 块，直到删除某个 DIV 块后显示恢复正常，即可确定错误发生的位置。

④ 利用 border 属性确定出错元素的布局特性。使用 float 属性布局一不小心就会出错。这时为元素添加 border 属性确定元素边界，错误原因即水落石出。

⑤ float 元素的父元素不能指定 clear 属性。MacIE 下如果对 float 元素的父元素使用 clear 属性，周围的 float 元素布局就会混乱。这是 MacIE 著名的 bug，倘若不知道就会走弯路。

⑥ float 元素务必指定 width 属性。很多浏览器在显示未指定 width 的 float 元素时会有 bug。所以不管 float 元素的内容如何，一定要为其指定 width 属性。

另外，指定元素时尽量使用 em 而不是 px 作单位。

⑦ float 元素不能指定 margin 和 padding 等属性。IE 在显示指定了 margin 和 padding 的 float 元素时有 bug，因此不要对 float 元素指定 margin 和 padding 属性（可以在 float 元素内部嵌套一个 div 来设置 margin 和 padding）。也可以使用 hack 方法为 IE 指定特别的值。

⑧ float 元素的宽度之和要小于 100%。如果 float 元素的宽度之和正好是 100%，某些古老的浏览器将不能正常显示。因此请保证宽度之和小于 100%。

⑨ 是否重设了默认的样式。某些属性如 margin、padding 等，不同浏览器会有不同的解释。因此最好在开发前将全体的 margin、padding 设置为 0，列表样式设置为 none 等。

4.5 练习与实训

一、简答题

1. 什么情况下会产生边距重叠的现象？
2. 使用相对定位时，子元素相对什么元素偏移？

二、上机实训

```
<div class="div1"></div> <div class="div2"></div> <div class="div3"></div>
```

要求：实现左、中、右三栏布局；从左到右为 1 2 3，宽为 300px，高为 300px，适当设置背景，用 CSS 表示出来。

任务5

设置网站主页文本与图片样式

学习目标

知识目标

- 了解HTML5技术发展状况及前景
- 掌握常用文字样式
- 掌握常用段落样式
- 掌握常用图像样式
- 掌握常用背景样式

技能目标

利用CSS文本样式美化网页的文字、段落与图片

5.1 任务描述

浏览者访问某个网站是因为对这个网站上的某些内容感兴趣。如果该内容是以视频或图像，然后紧跟文字的方式展示，这是一个不错的选择。如果网站内容的排版很马虎，则它会令游客迅速离开这个网站。清晰的文字内容可以说是任何网站最重要的部分之一，故要确保网站的文字容易阅读和理解。

本任务就是要利用 CSS 样式来美化网页文字、段落与图片。

5.2 核心知识

5.2.1 设置文本样式

本节及以下几节将详细介绍常见的 CSS 属性及其设置方法。利用 CSS 的这些属性，可以对字体、布局、颜色、背景、浏览器窗口及其他图文效果进行更精确的控制。

1. 字体属性

字体属性用于设置字体的显示效果，包括 font-family、font-size、font-style、font-variant、font-weight 和 font。下面介绍各属性的含义和设置方法。

HTML5+CSS3+JavaScript网页设计项目教程

1）font-family（字体系列）

font-family 用以指定一个或多个字体名。当指定多个字体名时，浏览器会在客户机中从前往后搜寻各字体，使用第一个找到的字体。

例如：

```
p{font-family:"New Century Schoolbook", 华文彩云, 黑体, 楷体}
```

2）font-size（字体大小）

font-size 用来精确地控制文本字体尺寸，可用多种方式设置字体。

- 绝对尺寸：单位可以为ex（x-height）、in（英寸）、cm（厘米）、mm（毫米）、pt（点）、px（像素）。如font-size:25pt。
- 关键字：从小到大共有7种关键字，分别是xx-small、x-small、small、medium、large、x-large和xx-large。
- 相对尺寸：有两种取值larger和smaller，分别表示将字体大小扩大一级和缩小一级。
- 比例尺寸：取值为一个百分数，表示放大或缩小的百分数。

3）font-style（字体风格）

font-style 可以设置 3 种字体显示风格。

- normal：正常显示。
- italic：斜体显示。
- oblique：倾斜显示。

4）font-variant（字体变形）

font-variant 可以设置两种变体字形。

- normal：正常显示。
- small-caps：小型大写字母。

5）font-weight（字体粗细）

font-weight 用来设置字体的粗细，其取值如下。

- normal：正常显示。
- bold：加粗。
- bolder：特粗。
- lighter：减细。
- 100-900：字体正常显示时为400。值越大，字体越粗。

6）font（字体）

font 属性可以用来设置字体的多个属性，例如：

```
p{font:italic bold 15pt 宋体}
```

上述代码用于指定该段的字体为宋体，字体风格为斜体（italic）和粗体（bold），字体大小是 15 点。

任务5 设置网站主页文本与图片样式

【示例 5.1】设置字体属性。将一级标题 <h1> 的字体设置为"宋体",字体大小设置为 30pt,字体风格为斜体,并加粗。将段落正文 <p> 的字体设置为"Arial",字体大小设置为 20pt。代码如下:

```
<!DOCTYPE HTML>
<html>
<head>
<meta http-equiv="Content-Type" content="text/html; charset=utf-8">
<title>CSS字体属性</title>
    <style type="text/css">
    <!--
        h1 {font-family:宋体; font-size: 30pt; font-style:italic; font-weight:bold}
        p {font:20pt Arial}
    -->
    </style>
</head>
<body>
    <h1>字体属性的设置</h1>
    <p>Where there is a will, there is a way.</p>
</body>
</html>
```

如图 5.1 所示为设置字体属性后的显示效果。

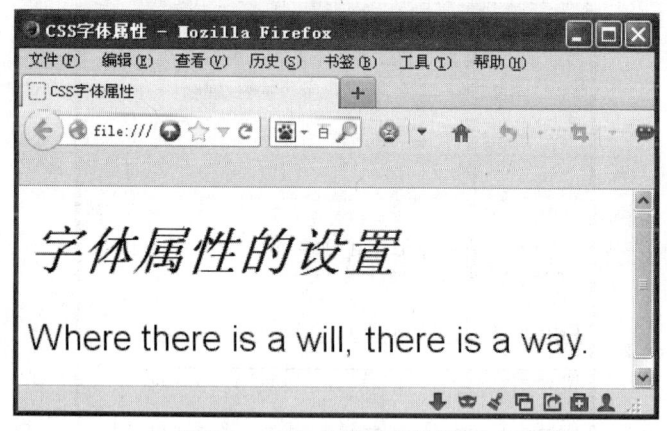

图5.1 CSS字体属性的设置

2. text-decoration(文字修饰属性)

text-decoration 用来为文字附加某些效果,有如下几个属性值。

- underline:下画线。
- overline:上画线。
- line-through:删除线。
- blink:闪烁。
- none:无任何修饰。

89

【示例5.2】 设置段落文字修饰属性，显示下画线、上画线和删除线的显示效果。

```html
<!DOCTYPE HTML>
<html>
<head>
<meta http-equiv="Content-Type" content="text/html; charset=utf-8">
 <title>CSS文字修饰属性</title>
    <style type="text/css">
    <!--
            p.under {text-decoration:underline}
            p.over {text-decoration:overline}
            p.through {text-decoration:line-through}
    -->
    </style>
</head>
<body>
    <h1>文字修饰属性</h1>
    <p class="under">Where there is a will, there is a way.</p>
    <p class="over">Where there is a will, there is a way.</p>
    <p class="through">Where there is a will, there is a way.</p>
</body>
</html>
```

如图 5.2 所示为设置文字修饰属性后的显示效果。

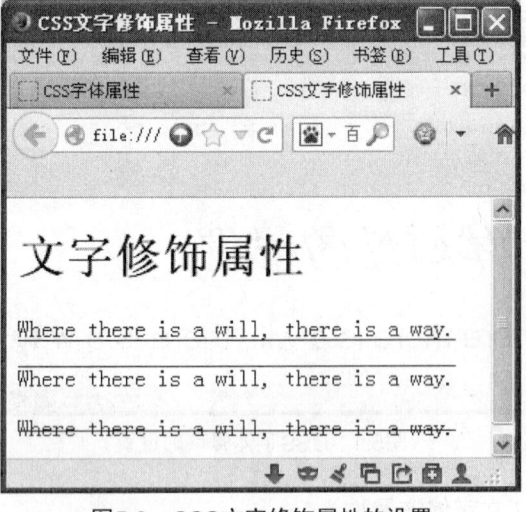

图5.2　CSS文字修饰属性的设置

3．text-shadow（文字阴影属性）

对于设计师来说，阴影可以说是一个很常用的效果，它可以直观地突显一个元素，用在网页设计上也非常适合。在 CSS3 阴影效果出现之前，开发者只能通过图片在网页中表现阴影，尤其对于阴影文字，使用图片表示是很常见的方式。而在 CSS3 阴影出现后，设置元素的阴影将会变得轻松。

在 CSS3 中用 text-shadow 来设置文字阴影，语法如下：

```
text-shadow : offset-x || offset-y || opacity || color
```

该属性支持 4 个参数，分别是阴影颜色、阴影的水平延伸距离（阴影的 x 轴偏移）、阴影的垂直延伸距离（阴影的 y 轴偏移）、模糊效果的作用半径（阴影的长度）。

【示例 5.3】实现文字阴影效果。代码如下：

```
<!DOCTYPE HTML>
<html>
<head>
<meta http-equiv="Content-Type" content="text/html; charset=utf-8">
<title>CSS文字阴影属性</title>
    <style type="text/css">
    <!--
            p{text-shadow:1px 1px 2px #c10ccc;}
    -->
    </style>
</head>
<body>
    <h1>文字阴影属性</h1>
    <p >css3 text-shadow</p>
</body>
</html>
```

效果如图 5.3 所示。

图5.3 文字阴影效果

5.2.2 设置文本布局

本节主要讲解网页中文本布局的方法，包括文字间距的调整、对齐方式、设置首行缩进等。

1．word-spacing（字间距）与 line-height（行间距）

word-spacing 用来设置英文单词之间的距离，单位可以为 in（英寸）、cm（厘米）、mm（毫米）、pt（点）、px（像素）。

HTML5+CSS3+JavaScript网页设计项目教程

line-height 用来设置段落行与行之间的距离，可用上面的方法表示，也可用无单位的字号表示，还可以用百分数表示。

【示例 5.4】段落文字的行间距设置为 20pt。第一行字间距设置为 10pt，每二行字间距设置为 20pt。

```
<!DOCTYPE HTML>
<html>
<head>
<meta http-equiv="Content-Type" content="text/html; charset=utf-8">
<title>CSS文字间距设置</title>
    <style type="text/css">
    <!--
            p{line-height:20pt}
            #line1{word-spacing:10pt}
            #line2{word-spacing:20pt}
    -->
    </style>
</head>
<body>
    <h1>文字间距设置</h1>
    <p id=line1>Where there is a will, there is a way.</p>
    <p id=line2>Where there is a will, there is a way.</p>
</body>
</html>
```

如图 5.4 所示为设置文字间距后的显示效果。

图5.4　CSS文字间距的设置

2. text-align（文字对齐）

text-align 属性用于设置文字的水平对齐方式，其属性值包括如下几种。

- left：左对齐。
- center：居中对齐。

任务5　设置网站主页文本与图片样式

- right：右对齐。
- justify：两端对齐。

【示例 5.5】使用 CSS 排列文本，让标题居中对齐，段落靠右对齐。

```
<!DOCTYPE HTML>
<html>
<head>
<meta http-equiv="Content-Type" content="text/html; charset=utf-8">
<title>CSS文本对齐属性</title>
    <style type="text/css">
    <!--
        h1{text-align:center}
        p{text-align:right}
    -->
    </style>
</head>
<body>
    <h1>文本对齐</h1>
    <p>Where there is a will, there is a way.</p>
</body>
</html>
```

如图 5.5 所示为设置文字对齐属性后的显示效果。

图5.5　CSS文字对齐属性的设置

3．text-indent（首行缩进）

text-indent 用来设置一个文字段落首行文字缩进的距离，其值为一个长度或百分数。若为百分数表示占上级元素宽度的百分数。

【示例 5.6】使用 CSS 文本缩进属性美化页面。

```
<!DOCTYPE HTML>
<html>
<head>
```

93

```
<meta http-equiv="Content-Type" content="text/html; charset=utf-8">
<title>CSS首行缩进</title>
   <style type="text/css">
   <!--
          p{text-indent:24pt}
   -->
   </style>
</head>
<body>
   <h1>首行缩进</h1>
   <p>Where there is a will, there is a way.</p>
</body>
</html>
```

如图 5.6 所示设置段落首行缩进后的显示效果。

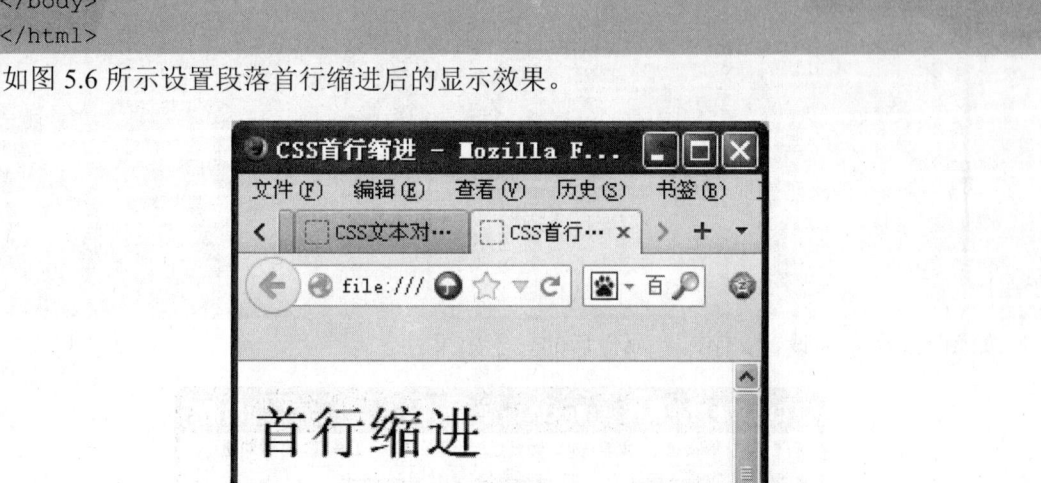

图5.6　CSS首行缩进

5.2.3　设置颜色及背景

本节介绍使用 CSS 设置 HTML 元素颜色和背景的方法。

1．color（颜色属性）

color 属性用来指定一个元素的颜色，其值为颜色的英文名或十六进制值。

【示例 5.7】使用 CSS 设置文本颜色。将一级标题 <h1> 的颜色设置为 "#ff00ff"，段落正文 <p> 的颜色设置为蓝色（blue）。

```
<!DOCTYPE HTML>
<html>
<head>
<meta http-equiv="Content-Type" content="text/html; charset=utf-8">
<title>CSS本文颜色的设置</title>
```

任务5　设置网站主页文本与图片样式

```
    <style type="text/css">
    <!--
        h1{color:#ff00ff}
        p{color:blue}
    -->
    </style>
</head>
<body>
    <h1>本文颜色的设置</h1>
    <p>Where there is a will, there is a way.</p>
</body>
</html>
```

如图 5.7 所示为设置文本颜色后的显示效果。

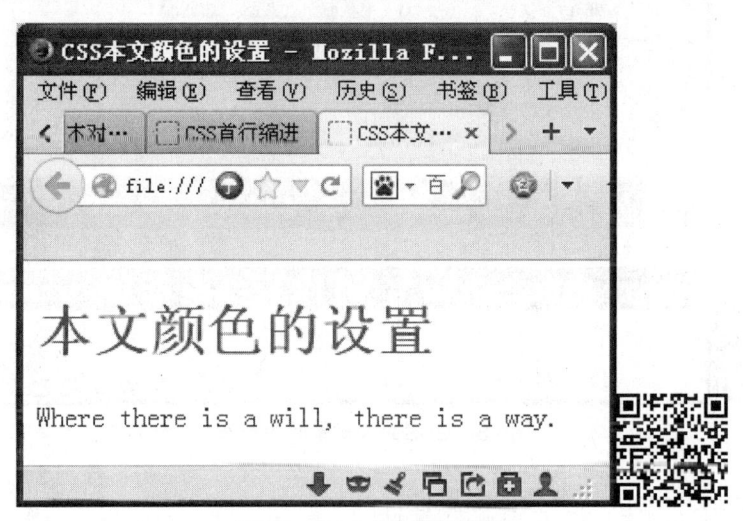

图5.7　CSS文本颜色设置

2. background-color（背景颜色属性）

background-color 属性用来指定一个元素的背景颜色。

使用 background-color 的语法：

```
background-color:color;
```

其中，color 值代表颜色名，它可以使用颜色名称、RGB 值或十六进制值设置。

【示例 5.8】使用 CSS 设置文本背景颜色。将一级标题 <h1> 的背景颜色设置为"#00ff00"，段落正文 <p> 的背景颜色设置为蓝色（blue）。

```
<!DOCTYPE HTML>
<html>
<head>
<meta http-equiv="Content-Type" content="text/html; charset=utf-8">
<title>CSS本文背景颜色的设置</title>
    <style type="text/css">
    <!--
```

95

HTML5+CSS3+JavaScript网页设计项目教程

```
            h1{background-color:#00ff00}
            p{background-color:blue; color:white; font-size: 20pt;}
    -->
    </style>
</head>
<body>
    <h1>本文背景颜色的设置</h1>
    <p>Where there is a will, there is a way.</p>
</body>
</html>
```

如图 5.8 所示为设置文本背景颜色后的显示效果。

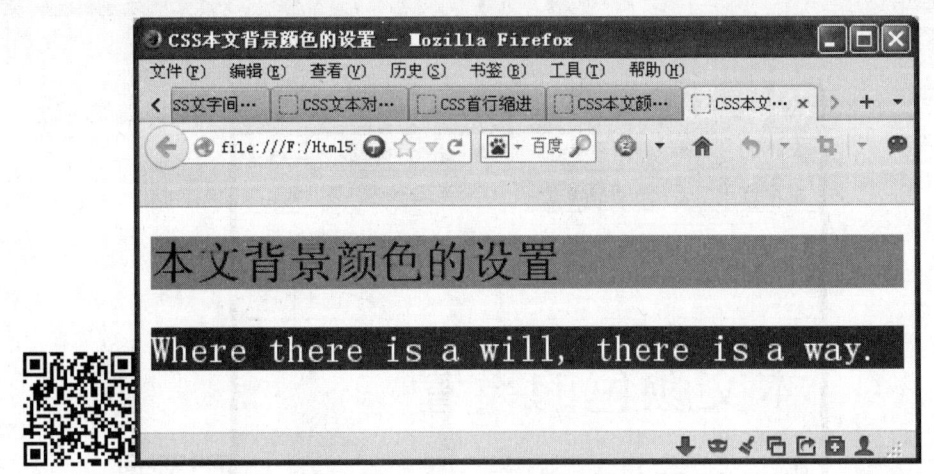

图5.8　CSS文本背景颜色设置

3．background-image（背景图像属性）

background-image 属性用于设定一个元素的背景图像。

使用 background-image 的语法：

```
background-image:url(picture.jpg);
```

使用 background-image 属性插入背景图片，只需要使用 url 直接链入所需要使用的背景图片即可。其中 picture.jpg 就是所使用的背景图片。

【示例 5.9】使用 CSS 将页面背景图像设置为 bg.jpg。

```
<!DOCTYPE HTML>
<html>
<head>
<meta http-equiv="Content-Type" content="text/html; charset=utf-8">
<title>CSS背景图像</title>
    <style type="text/css">
    <!--
    body{background-image:url(bg.jpg)}
    -->
    </style>
```

96

任务5 设置网站主页文本与图片样式

```
</head>
<body>
    <h1>背景图像</h1>
    <p>Where there is a will, there is a way.</p>
</body>
</html>
```

如图 5.9 所示为设置页面背景图像后的显示效果。

图5.9　CSS页面背景图像设置

4．background-repeat（背景图片的重复）

CSS 提供的 background-repeat 属性用于改变背景图片在网页元素中的重复方式。
使用 background-repeat 的语法：

```
background-repeat:repeatmode;
```

其中，repeatmode 有以下 4 种属性。

- repeat：背景图片在纵向和横向上平铺。
- no-repeat：背景图片不平铺。
- repeat-x：背景图片横向上平铺。
- repeat-y：背景图片纵向上平铺。

― 注 意 ―

默认情况下，background-repeat的属性值为repeat，图片会平铺整个网页。

【示例 5.10】通过平铺背景图像和设置渐变色实现网页背景。

```
<!DOCTYPE HTML>
<html>
<head>
```

97

```
<meta http-equiv="Content-Type" content="text/html; charset=utf-8" />
<title>通过平铺背景图像和设置渐变色实现网页背景</title>
<style type="text/css">
<!--
body{
    background-image:url(bg-g.jpg);
    background-repeat:repeat-x;
     background-color:#D2D2D2;\

}
h1{font-family:黑体;
    color:white;}
p{font-family: Arial, "Times New Roman";
   }
-->
</style>
</head>


<body>
<h1>互联网发展的起源</h1>
    <p>A very simple ascii map of the first network link on ARPANET between
UCLA and SRI taken from RFC-4 Network Timetable, by Elmer B. Shapiro, March
1969.</p>
    <p>1969年，为了保障通信联络，美国国防部高级研究计划署ARPA资助建立了世界上第一个分组交换
试验网ARPANET，连接美国四个大学。ARPANET的建成和不断发展标志着计算机网络发展的新纪元。</p>
    </body>
    </html>
```

效果如图 5.10 所示。

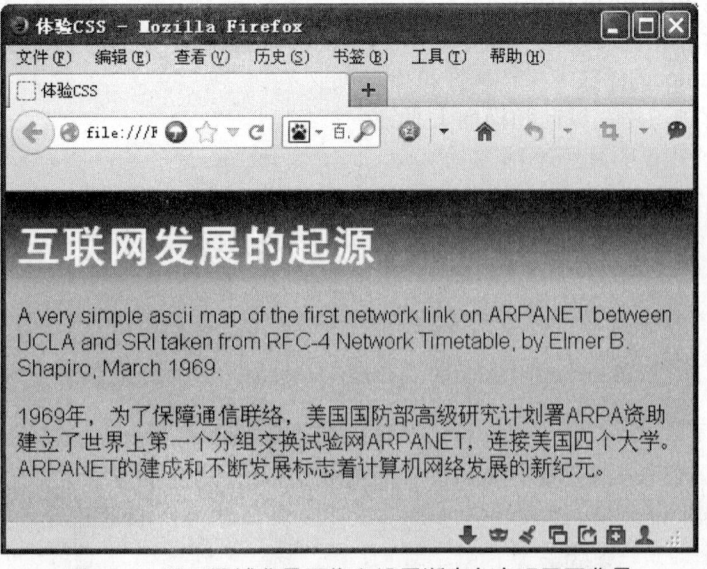

图5.10　通过平铺背景图像和设置渐变色实现网页背景

5.2.4　设置边框显示效果

边框属性用于设置一个元素边框的宽度、式样和颜色。一个边框由 4 部分组成：上边框、下边框、左边框和右边框，4 部分可以统一设置，也可以单独设置。

统一设置边框的属性有如下几种。

- border-color：边框颜色。
- border-width：边框宽度。
- border-style：边框风格。

其中边框风格的取值如表 5.1 所示。

表5.1　边框的风格

边框风格属性值	描述
none	无边框
solid	实线边框
dotted	点线边框
dashed	虚线边框
double	双实线边框
groove	边缘凹陷的边框
ridge	边缘凸起的边框
inset	实现元素内凹效果的边框
outset	实现元素凸出效果的边框

边框的颜色、宽度和风格 3 个属性可以一起设置，设置格式如下：

边框名：宽度　风格　颜色

其中边框名的取值如下。

- border：整个边框。
- border-top：上边框。
- border-left：左边框。
- border-right：右边框。
- border-bottom：下边框。

【示例 5.11】使用 CSS 设置文本框的边框，左、右方向的边框为 4px 宽的红色（red）实线（solid）边框，其余方向的边框为虚线边框。

```
<!DOCTYPE HTML>
<html>
<head>
<meta http-equiv="Content-Type" content="text/html; charset=utf-8">
    <title>CSS边框属性</title>
    <style type="text/css">
    <!--
```

```
    p{border-style:dashed; border-left:4px solid red; border-right:4px
solid red}
    -->
    </style>
</head>
<body>
    <h1>边框属性</h1>
    <p>Where there is a will, there is a way.</p>
</body>
</html>
```

如图 5.11 所示为设置边框属性后的显示效果。

图5.11　CSS边框属性的设置

5.2.5　图文混排

在文章段落之中经常会需要插入图片。在 CSS 布局之中，可以通过控制 CSS 代码对图片进行控制，实现图文混排的效果。

在开始图片排版之前，先来探讨图片和文本排版的几种基本样式。

1．图文混排基本样式一

现在准备了一段普通的文章页面，应用图片只需将图片插入到所有段落文字的最前面，代码如下：

```
<div id="layout">
    <div class="pimg"><img src="zcz.jpg" border="0"/></div>
    <p>祖冲之（公元429年—公元500年）是中国数学家、科学家。南北朝时期人，字文远。生于
未文帝元嘉六年，卒于齐昏侯永元二年。祖籍范阳郡道县（今河北涞水县）。先世迁入江南，祖父掌管土
木建筑，父亲学识渊博。祖冲之从小接受家传的科学知识。青年时进入华林学省，从事学术活动。一生先
```

后任过南徐州（今镇江市）从事史、公府参军、娄县（今昆山县东北）令、谒者仆射、长水校尉等官职。其主要贡献在数学、天文历法和机械三方面。在数学方面，他写了《缀术》一书，被收入著名的《算经十书》中，作为唐代国子监算学课本，可惜后来失传了。《隋书·律历志》留下一小段关于圆周率（π）的记载，祖冲之算出π的真值在3.1415926（朒数）和3.1415927（盈数）之间，相当于精确到小数第7位，成为当时世界上最先进的成就。这一纪录直到15世纪才由阿拉伯数学家卡西打破。</p>

```
    </div>
```

在以上代码中，为图片添加了一个 div，是因为考虑到随后在图片上会增加一些细节排版，将图片设计成一个 div 包含，使用 div 来控制 img 对象。直接插入图片后的预览效果如图 5.12 所示。

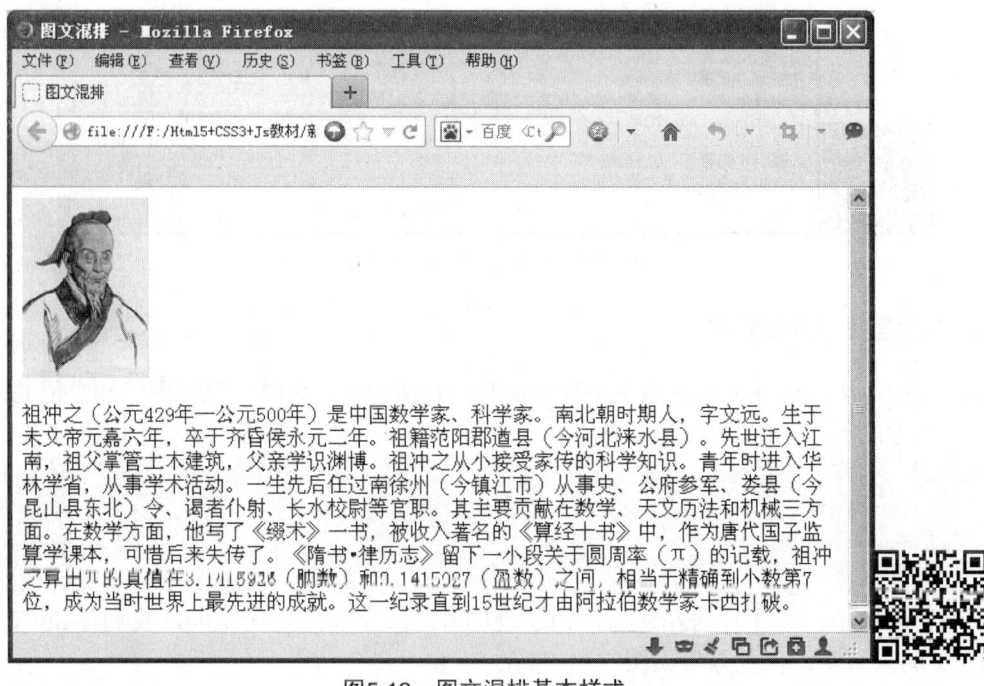

图5.12　图文混排基本样式一

2. 图文混排基本样式二

现在的 div 对象保持着 div 占据正行的显示方式，尝试改变图像居中。添加了 CSS 样式，代码如下：

```
.pimg{
    text-align: center;        /*设置文本居中*/
}
```

在以上代码中，text-align 属性用于控制对象内的内容居中显示。应用这个属性之后，img 对象在 div 之中也能够保持居中状态。修改后的预览效果如图 5.13 所示。

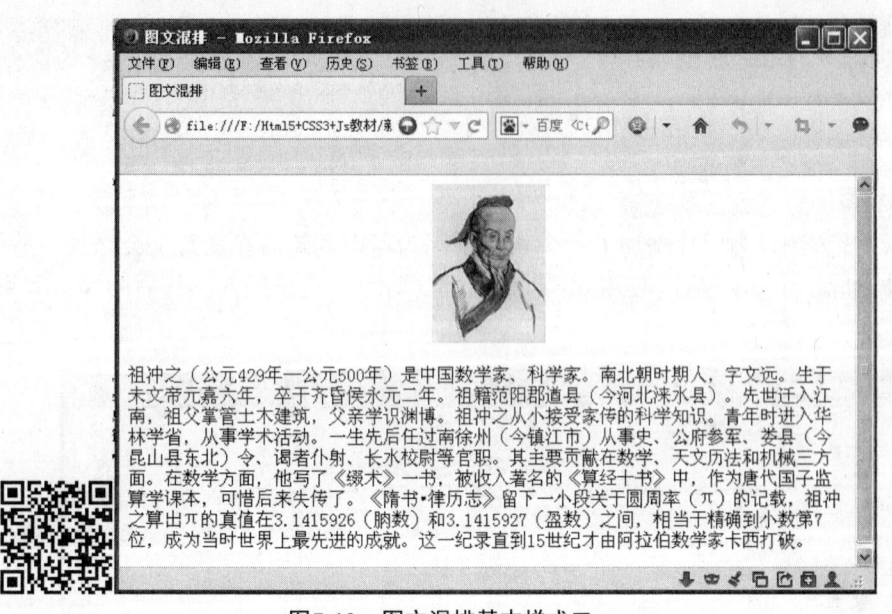

图5.13　图文混排基本样式二

3. 图文混排基本样式三

在实际应用中，有时也会应用文字环绕图片的排版方式，这时可以使用浮动定位的方法，通过设定对象的 float 属性来使文字内容流入对象的旁边。修改 CSS 样式，代码如下：

```
.pimg{
    float: left;          /*设置向左浮动显示*/
    padding: 10px;        /*设置内边距*/
}
```

在以上代码中，在图片居左之后，为了使图片与文字有一定的空间，我们使 div 对象具有了 10px 的内边距，预览效果如图 5.14 所示。

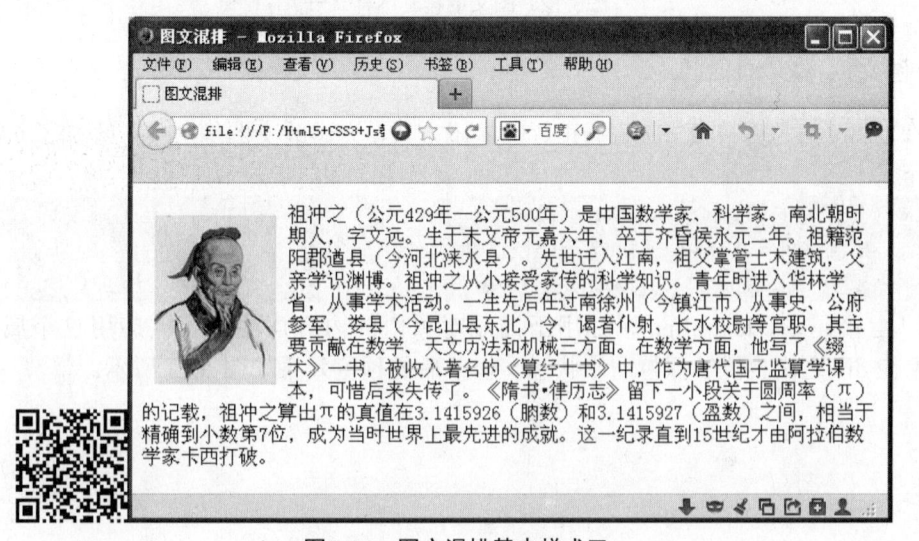

图5.14　图文混排基本样式三

5.2.6 综合实例——制作八大行星科普网页

本实例以介绍太阳系的八大行星为题材，进一步讲解图文混排方法的使用，实现页面最终效果如图 5.17 所示。实现方法如下：

首先选取一些相关的图片和文字介绍，将总体的描述和图片放在页面的最上端，并采用首字放大的方法。

```
<img src="baall.jpg" class="pic2">
    <p><span class="first">太</span>阳系是以太阳为中心，和所有受到太阳的重力约束
天体的集合体：8颗行星、至少165颗已知的卫星、3颗已经辨认出来的矮行星（冥王星和他的卫星）和
数以亿计的太阳系小天体。这些小天体包括小行星、柯伊伯带的天体、彗星和星际尘埃。依照至太阳的距
离，行星序是水星、金星、地球、火星、木星、土星、天王星和海王星，8颗中的6颗有天然的卫星环绕
着。</p>
```

为整个页面选取一个合适的背景颜色。这时选择黑色作为整个页面的背景色。然后用图文混排的方式将图片靠右，并适当调整文字与图片的距离，将正文文字设置为白色。CSS 部分代码如下：

```
body{
    background-color:black;      /* 页面背景色 */
}
p{
    font-size:13px;              /* 段落文字大小 */
    color:white;
}
img{
    border:1px #999 dashed;      /* 图片边框 */
}
img.pic2{
    float:right;                 /* 右侧图片混排 */
    margin-left:10px;            /* 图片左端与文字的距离 */
    margin-bottom:5px;
}
span.first{                      /* 首字放大 */
    font-size:60px;
    font-family:黑体;
    float:left;
    font-weight:bold;
    color:#CCC;                  /* 首字颜色 */
}
```

此时的显示效果如图 5.15 所示。

考虑到"八大行星"的具体排版，再采用一左一右的方式，并全部应用图文混排。下面再定义一个用于图片左侧的 CSS 代码：

```
img.pic1{
    float:left;                            /* 左侧图片混排 */
    margin-right:10px;                     /* 图片右端与文字的距离 */
```

```
        margin-bottom:5px;
    }
```

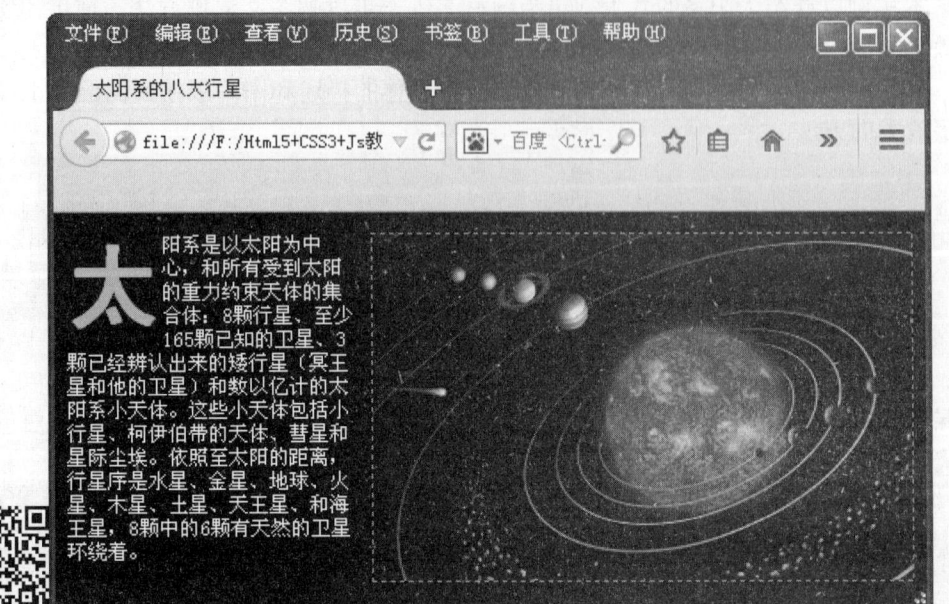

图5.15　首字放大且图片靠右

下面再添加水星的相应 HTML 代码：

```
<p class="title1">水星</p>
    <img src="ba1.jpg" class="pic1">
    <p class="content">
    水星在八大行星中是最小的行星，比月球大1/3，它同时也是最靠近太阳的行星。　水星目视星等
范围从　0.4　到　5.5；水星太接近太阳，常常被猛烈的阳光淹没，所以望远镜很少能够仔细观察它。水星
没有自然卫星。唯一靠近过水星的卫星是美国探测器水手10号，在1974年—1975年探索水星时，只拍摄
到大约45%的表面。水星是太阳系中运动最快的行星。水星的英文名字Mercury来自罗马神墨丘利（赫耳
墨斯）。他是罗马神话中的信使。因为水星约88天绕太阳一圈，是太阳系中公转最快的行星。符号是上面
一个圆形下面一个交叉的短垂线和一个半圆形　(Unicode)　是墨丘利所拿魔杖的形状。在前5世纪，水星
实际上被认为成二个不同的行星，这是因为它时常交替地出现在太阳的两侧。当它出现在傍晚时，它被叫
做墨丘利；但是当它出现在早晨时，为了纪念太阳神阿波罗，它被称为阿波罗。毕达哥拉斯后来指出他们
实际上是相同的一颗行星。</p>
```

此时的显示效果如图 5.16 所示。

按照这种思路，完成其他行星排版制作。当然各大行星的标题和正文的行间距也要做相
应的处理。

通过图文混排后，文字能够很好地利用空间，就像 Word 中使用图文混排一样，十分方
便和美观。下面给出本实例的最终效果和全部代码。

任务5　设置网站主页文本与图片样式

图5.16　一左一右的图文混排效果

代码如下：

```
<!DOCTYPE HTML>
<html>
<head>
<meta http-equiv="Content-Type" content="text/html; charset=utf-8">
<title>太阳系的八大行星</title>
<style type="text/css">
<!--
body{
    background-color:black;      /* 页面背景色 */
}
p{
    font-size:13px;              /* 段落文字大小 */
    color:white;
}
p.title1{                        /* 左侧标题 */
    text-decoration:underline;   /* 下画线 */
    font-size:18px;
    font-weight:bold;            /* 粗体*/
    text-align:left;             /* 左对齐 */
}
p.title2{                        /* 右侧标题 */
    text-decoration:underline;
    font-size:18px;
    font-weight:bold;
```

105

图5.17　八大行星科普网页

```
        text-align:right;
    }
    p.content{                          /* 正文内容 */
        line-height:1.2em;              /* 正文行间距 */
        margin:0px;
    }
    img{
        border:1px #999 dashed;         /* 图片边框 */
    }
    img.pic1{
        float:left;                     /* 左侧图片混排 */
        margin-right:10px;              /* 图片右端与文字的距离 */
        margin-bottom:5px;
    }
    img.pic2{
        float:right;                    /* 右侧图片混排 */
        margin-left:10px;               /* 图片左端与文字的距离 */
        margin-bottom:5px;
    }
    span.first{                         /* 首字放大 */
        font-size:60px;
        font-family:黑体;
        float:left;
        font-weight:bold;
        color:#CCC;                     /* 首字颜色 */
    }
    -->
</style>
    </head>
<body>
    <img src="baall.jpg" class="pic2">
    <p><span class="first">太</span>阳系是以太阳为中心，和所有受到太阳的重力约束天
体的集合体：8颗行星、至少165颗已知的卫星、3颗已经辨认出来的矮行星（冥王星和他的卫星）和数以
亿计的太阳系小天体。这些小天体包括小行星、柯伊伯带的天体、彗星和星际尘埃。依照至太阳的距离，
行星序是水星、金星、地球、火星、木星、土星、天王星和海王星，8颗中的6颗有天然的卫星环绕着。</
p>

    <p class="title1">水星</p>
    <img src="ba1.jpg" class="pic1">
    <p class="content">
    水星在八大行星中是最小的行星，比月球大1/3，它同时也是最靠近太阳的行星。    水星目视星等
范围从0.4到5.5；水星太接近太阳，常常被猛烈的阳光淹没，所以望远镜很少能够仔细观察它。水星没
有自然卫星。唯一靠近过水星的卫星是美国探测器水手10号，在1974年—1975年探索水星时，只拍摄到
大约45%的表面。水星是太阳系中运动最快的行星。水星的英文名字Mercury来自罗马神墨丘利（赫耳墨
斯）。他是罗马神话中的信使。因为水星约88天绕太阳一圈，是太阳系中公转最快的行星。符号是上面一
个圆形下面一个交叉的短垂线和一个半圆形（Unicode）是墨丘利所拿魔杖的形状。在前5世纪，水星实
际上被认为成二个不同的行星，这是因为它时常交替地出现在太阳的两侧。当它出现在傍晚时，它被叫做
```

墨丘利；但是当它出现在早晨时，为了纪念太阳神阿波罗，它被称为阿波罗。毕达哥拉斯后来指出他们实际上是相同的一颗行星。</p>

        `<p class="title2">金星</p>`

        `<img src="ba2.jpg" class="pic2">`

        `<p class="content">`金星是八大行星之一，按离太阳由近及远的次序是第二颗。它是离地球最近的行星。中国古代称之为太白或太白金星。它有时是晨星，黎明前出现在东方天空，被称为"启明"；有时是昏星，黄昏后出现在西方天空，被称为"长庚"。金星是全天中除太阳和月亮外最亮的星，亮度最大时为-4.4等，比著名的天狼星（除太阳外全天最亮的恒星）还要亮14倍，犹如一颗耀眼的钻石，于是古希腊人称它为阿佛洛狄忒（Aphrodite）——爱与美的女神，而罗马人则称它为维纳斯（Venus）——美神。金星和水星一样，是太阳系中仅有的两个没有天然卫星的大行星。因此金星上的夜空中没有"月亮"，最亮的"星星"是地球。由于离太阳比较近，所以在金星上看太阳，太阳的大小比地球上看到的大1.5倍。</p>

        `<p class="title1">地球</p>`

        `<img src="ba3.jpg" class="pic1">`

        `<p class="content">`地球是太阳系八大行星之一，按离太阳由近及远的次序排为第三颗。它有一个天然卫星——月球，二者组成一个天体系统——地月系统。地球作为一个行星，远在46亿年以前起源于原始太阳星云。地球会与外层空间的其他天体相互作用，包括太阳和月球。地球是上百万生物的家园，包括人类，地球是目前宇宙中已知存在生命的唯一天体。地球赤道半径6378.137km，平均赤道半径约6371km，极半径6356.752km，赤道周长40075.7km，地球上71%为海洋，29%为陆地，所以太空上看地球呈蓝色。地球是目前发现的星球中人类生存的唯一星球。</p>

        `<p class="title2">火星</p>`

        `<img src="ba4.jpg" class="pic2">`

        `<p class="content">`　火星（Mars）是八大行星之一，符号是♂。因为它在夜空中看起来是血红色的，所以在西方，以希腊神话中的阿瑞斯（或罗马神话中对应的战神玛尔斯）命名它。在古代中国，因为它荧荧如火，故称"荧惑"。火星有两颗小型天然卫星:火卫一Phobos和火卫二Deimos(阿瑞斯儿子们的名字)。两颗卫星都很小而且形状奇特，可能是被引力捕获的小行星。英文里前缀areo-指的就是火星。</p>

        `<p class="title1">木星</p>`

        `<img src="ba5.jpg" class="pic1">`

        `<p class="content">`木星古称岁星，是离太阳远近的第五颗行星，而且是八大行星中最大的一颗，比所有其他的行星的合质量大2倍（地球的318倍）。木星绕太阳公转的周期为4332.589天，约合11.86年。木星(a.k.a. Jove)希腊人称之为　宙斯(众神之王，奥林匹斯山的统治者和罗马国的保护人，它是Cronus（土星的儿子。）木星是天空中第四亮的物体(次于太阳，月球和金星；有时候火星更亮一些)，早在史前木星就已被人类所知晓。根据伽利略1610年对木星四颗卫星:木卫一，木卫二，木卫三和木卫四（现常被称作伽利略卫星）的观察，它们是不以地球为中心运转的第一个发现，也是赞同哥白尼的日心说的有关行星运动的主要依据。</p>

        `<p class="title2">土星</p>`

        `<img src="ba6.jpg" class="pic2">`

        `<p class="content">`土星古称镇星或填星，因为土星公转周期大约为29.5年,我国古代有28宿,土星几乎是每年在一个宿中,有镇住或填满该宿的意味,所以称为镇星或填星，直径119300公里（为地球的9.5倍），是太阳系第二大行星。它与邻居木星十分相像，表面也是液态氢和氦的海洋，上方同样覆盖着厚厚的云层。土星上狂风肆虐，沿东西方向的风速可超过每小时1600公里。土星上空的云层就是这些狂风造成的，云层中含有大量的结晶氨。轨道距太阳142，940万千米，公转周期为10759.5天，相当于29.5个地球年，视星等为0.67等。在太阳系的行星中，土星的光环最惹人注目，它使土星看上去就像戴着一顶漂亮的大草帽。观测表明构成光环的物质是碎冰块、岩石块、尘埃、颗粒等，它们排列成一系列的圆圈，绕着土星旋转。

```html
    </p>
    <p class="title1">天王星</p>
    <img src="ba7.jpg" class="pic1">
    <p class="content">天王星是太阳系中离太阳第七远行星，从直径来看，是太阳系中第三
大行星。天王星的体积比海王星大，质量却比其小。天王星是由威廉·赫歇耳通过望远镜系统地搜寻，
在1781年3月13日发现的，它是现代发现的第一颗行星。事实上，它曾经被观测到许多次，只不过当
时被误认为是另一颗恒星（早在1690年John Flamsteed便已观测到它的存在，但当时却把它编为34
Tauri）。赫歇耳把它命名为"the Georgium Sidus（天竺葵）"（乔治亚行星）来纪念他的资助者，
那个对美国人而言臭名昭著的英国国王：乔治三世；其他人却称天王星为"赫歇耳"。由于其他行星的名字
都取自希腊神话，因此为保持一致，由波德首先提出把它称为"乌拉诺斯(Uranus)"（天王星），但直到
1850年才开始广泛使用。</p>
    <p class="title2">海王星</p>
    <img src="ba8.jpg" class="pic2">
    <p class="content">海王星（Neptune）是环绕太阳运行的第八颗行星，也是太阳系中第四
大天体（直径上）。海王星在直径上小于天王星，但质量比它大。在天王星被发现后，人们注意到它的轨
道与根据牛顿理论所推知的并不一致。因此科学家们预测存在着另一颗遥远的行星从而影响了天王星的轨
道。Galle和 d'Arrest在1846年9月23日首次观察到海王星，它出现的地点非常靠近于亚当斯和勒威耶
根据所观察到的木星、土星和天王星的位置经过计算独立预测出的地点。一场关于谁先发现海王星和谁享
有对此命名的权利的国际性争论产生于英国与法国之间（然而，亚当斯和勒威耶个人之间并未有明显的争
论）；现在将海王星的发现共同归功于他们两人。后来的观察显示亚当斯和勒威耶计算出的轨道与海王星
真实的轨道偏差相当大。如果对海王星的搜寻早几年或晚几年进行的话，人们将无法在他们预测的位置或
其附近找到它。</p>
</body>
</html>
```

5.3 任务实施

1. 设置整体默认文字、段落与图片样式

```
img{border:none;}              /* 设置图片没有边框*/
body{font-size:14px;          /* 设置网页默认字体大小14像素*/
text-align:left;              /* 设置网页文字左对齐*/
font-family:Arial,Helvetica,san-serif;} /* 设置网页默认字体属性*/
```

2. 给网页主体各模块添加边框及实现标题样式

```
.boxborder {border: #9bc39b 1px solid;} /* 设置网页模块边框样式*/
.titlebg{    /* 设置网页模块标题样式*/
margin-top:8px;
padding-left:20px;
padding-top:4px;
line-height:25px;
COLOR:#660000;
FONT-WEIGHT: 700;
background:url(../images/news/titlebg.png);}
```

"绿色活动"模块结果如图 5.18 所示。

图5.18   "绿色活动"模块

3．添加背景颜色

主页顶端的"登录、注册"模块及主页底端的链接模块都添加了背景颜色，如图 5.19 和图 5.20 所示。

图5.19   "登录、注册"模块

图5.20   主页底端的链接模块

5.4   任务拓展——文字或图像的旋转、缩放、倾斜、移动

在 CSS3 中，用 Transform 功能可以实现文字或图像的旋转、缩放、倾斜、移动这 4 种类型的变形，这 4 种变形分别使用 rotate、scale、skew 和 translate 这 4 种方法来实现。将这 4 种变形结合使用，就会产生不同的效果。使用顺序不同，产生的效果是不一样的。

1．旋转

CSS 中使用 rotate 方法来实现对元素的旋转，在参数中加入角度值，旋转方式为顺时针旋转。

【示例 5.12】一个黄色的 div 元素，通过在样式代码中使用"transform: rotate(45deg)"语句，使这个 div 元素顺时针旋转 45°。deg 是 CSS3 的"Values and Units"模块中定义的一个角度单位。代码如下：

```html
<!DOCTYPE HTML>
<html>
<head>
<meta http-equiv="Content-Type" content="text/html; charset=utf-8">
<title>Transform旋转</title>
<style>
 div{
    width:300px;
    margin:150px auto;
    text-align:center;
    background-color:yellow;
    -moz-transform: rotate(45deg);          /* for Firefox */
 }
</style>
</head>
<body>
<div>黄色div</div>
</body>
</html>
```

运行结果如图 5.21 所示。

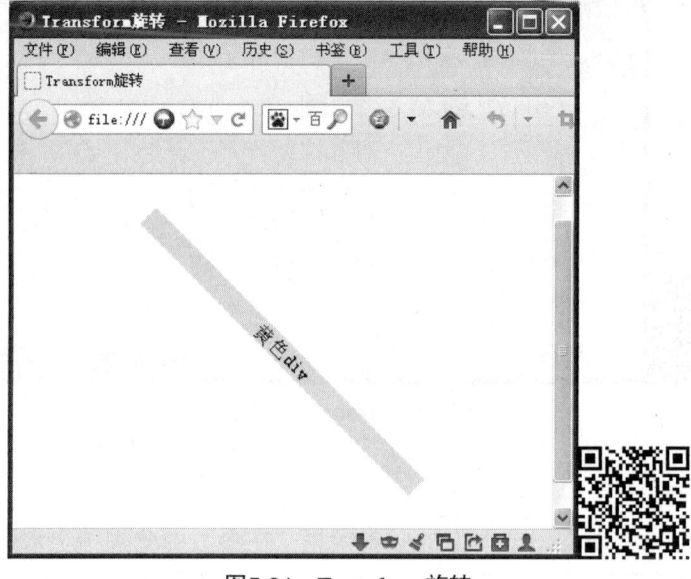

图5.21　Transform旋转

2. 缩放

scale 方法用来实现文字或图像的缩放效果，参数中指定缩放倍率，例如 scale(0.5) 表示缩小 50%。参数可以是整数，也可以是小数。

【示例 5.13】将一个 div 元素缩小 50%。代码如下：

```html
<!DOCTYPE HTML>
<html>
<head>
<meta http-equiv="Content-Type" content="text/html; charset=utf-8">
<title>Transform缩放</title>
<style>
 div{
    width:300px;
    margin:150px auto;
    text-align:center;
    background-color:yellow;
    -moz-transform: scale(0.5);              /* for Firefox */
 }
</style>
</head>

<body>
<div>黄色div</div>
</body>
</html>
```

运行结果如图 5.22 所示。

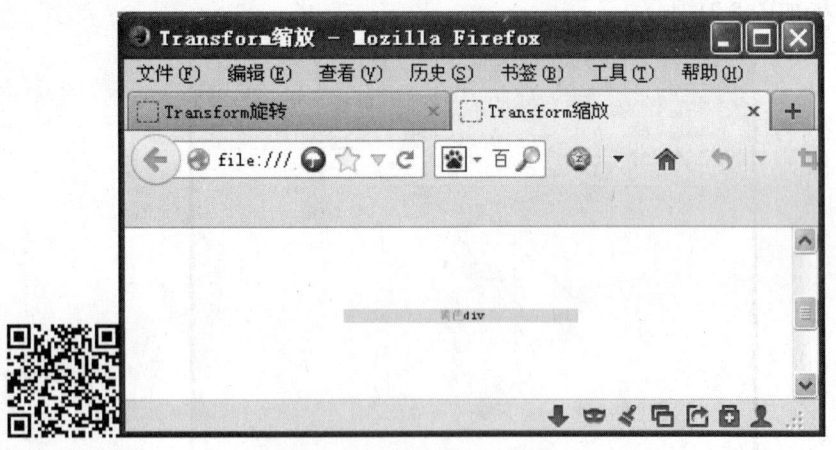

图5.22 Transform缩放

3. 倾斜

使用 skew 方法来实现文字或图像的倾斜效果，在参数中分别指定水平方向上的倾斜角度与垂直方向上的倾斜角度。例如"skew(30deg, 30deg)"表示水平方向上倾斜 30°，垂直方向上也倾斜30°。

【示例5.14】将一个div元素在水平方向上倾斜30度，垂直方向上倾斜30°。代码如下：

```html
<!DOCTYPE HTML>
<html>
<head>
<meta http-equiv="Content-Type" content="text/html; charset=utf-8">
<title>Transform倾斜</title>
<style>
 div{
    width:300px;
    margin:150px auto;
    text-align:center;
    background-color:yellow;
    -moz-transform: skew(30deg, 30deg);        /* for Firefox */
 }
</style>
</head>

<body>
<div>黄色div</div>
</body>
</html>
```

运行结果如图5.23所示。

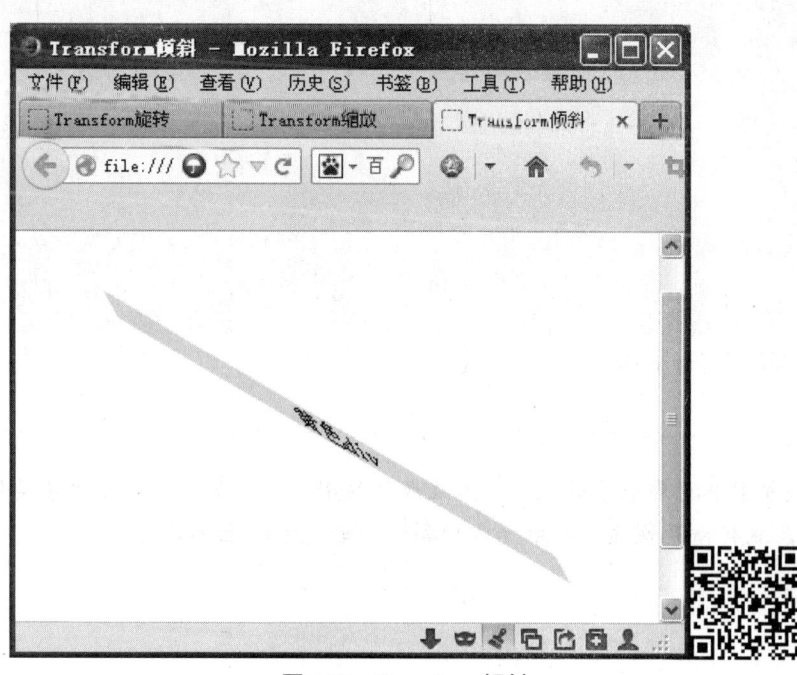

图5.23　Transform倾斜

HTML5+CSS3+JavaScript网页设计项目教程

> **注 意**
>
> skew方法中的两个参数可以修改成只使用一个参数，省略另一个参数。这可不是说水平方向和垂直方向一样，这种情况视为只在水平方向倾斜，垂直方向上不倾斜。

4．移动

使用 translate 方法来实现将文字或图像进行移动，在参数中分别指定水平方向上的移动距离与垂直方向上的移动距离。例如"translate(50px, 50px)"表示水平方向上移动 50 像素，垂直方向上移动 50 像素。

【示例 5.15】将一个 div 元素水平方向上移动 50 像素，垂直方向上移动 50 像素。代码如下：

```html
<!DOCTYPE HTML>
<html>
<head>
<meta http-equiv="Content-Type" content="text/html; charset=utf-8">
<title>Transform移动</title>
<style>
 div{
    width:300px;
    margin:150px auto;
    text-align:center;
    background-color:yellow;
    -moz-transform: translate(50px, 50px);                 /* for Firefox */
 }
</style>
</head>
<body>
<div>黄色div</div>
</body>
</html>
```

运行结果如图 5.24 所示。

> **注 意**
>
> translate方法中的两个参数也可以修改成只使用一个参数，跟skew方法类似，省略另一个参数。这种情况视为只在水平方向移动，垂直方向上不移动。

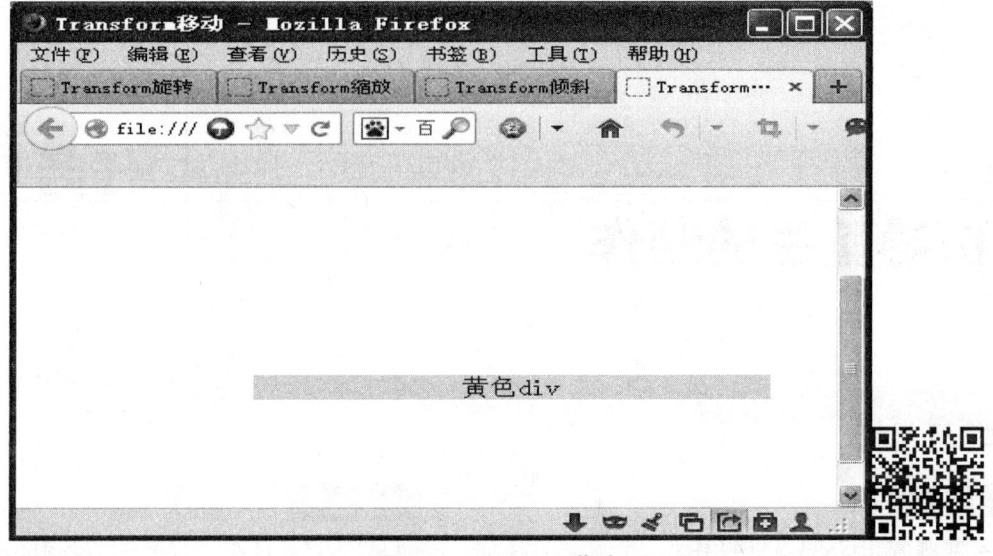

图5.24　Transform移动

5.5　练习与实训

一、简答题

1. 分别列举 HTML 中与文字相关的属性，以及 CSS 中与文字相关的样式。
2. 如何实现文字或图像的旋转、缩放、倾斜、移动？

二、上机实训

设计及制作一个介绍"八仙过海"故事人物的网页。

任务 **6**

主页导航栏的制作

学习目标

知识目标

- 掌握常用CSS3超链接样式
- 掌握常用CSS3列表样式

技能目标

利用CSS3超链接等样式制作各种特效导航栏

6.1 任务描述

　　网站导航是网站中最重要的元素，是网站提供给用户的最直接、最方便的访问网站内容的工具。网站导航从形式上主要由横向导航、纵向导航、下拉及多级菜单导航3种形式。

- 横向导航：对于门户网站的设计而言，主导航一般采用横向导航。由于门户网站下方文字较多，且每个频道均有统一的样式区分，因此在顶部固定区域设计统一风格且不占用过多空间的导航是最理想的选择，国内大部分门户网站均采用这种形式。
- 纵向导航：目前在门户网站的设计中已经不再流行，纵向导航更倾向于表达产品分类。
- 下拉导航：主要用于功能复杂的网站。

　　总的来说，导航的核心目标是设计一个简便快捷的操作入口，帮助用户快速到达网站中的相应内容，设计上应当根据网站类型及内容的需求设计合理的导航形式。

　　本任务将给项目网站设计及制作一种基于背景的特效横向导航栏，具体效果如图 6.1 所示。

| 首页 | 新闻资讯 | 绿色出行 | 两型生活 | 骑行世界 | 车友天地 | 线路推荐 | 绿色服务 |

图6.1　主页导航栏

任务6 主页导航栏的制作

6.2 核心知识

6.2.1 用CSS控制超链接样式

超链接是指从一个网页指向一个目标的链接关系，这个目标可以是另一个网页，也可以是相同网页上的不同位置，还可以是一张图片、一个电子邮件地址、一个文件，甚至是一个应用程序。在网页中能成为超链接的元素可以是一段文本或者一张图片。当浏览者选择已经链接的文字或图片后，链接目标将显示在浏览器上，并且根据目标的类型打开或运行。

1．改变超链接的基本样式

网页上使用的超链接通常是文字或图片。使用文字和图片实现超链接的语法如下：

```
<a href="http://www.sina.com.cn">新浪网</a>
<a href="picture.jpg"><img src="picture.jpg" /></a>
```

如表 6.1 所示为超链接的伪类。

表6.1 超链接伪类表

a:link	设置超链接在未被访问前的样式
a:active	设置超链接在被用户激活（在鼠标单击与释放之间发生的事件）时的样式
a:visited	设置超链接在其链接地址已被访问过时的样式
a:hover	设置超链接在其鼠标悬停时的样式

伪类的 CSS 样式定义：

```
<style type="text/css">
    a:link{color:green;}            /*设置超链接的未被访问前文字颜色为绿色*/
    a:active{color:red;}            /*设置超链接在被用户激活时文字颜色为红色*/
    a:visited{color:orange;}        /*设置超链接已被访问过时文字的颜色为橘色*/
    a:hover{color:blue;}            /*设置超链接在其鼠标悬停时文字的颜色为蓝色*/
</style>
```

在默认情况下，文字作为超链接时会带有下画线，用于提示该文字可链接。若要消除该超链接的下画线，就要将 text-decoration 属性设置为 none。

使用 text-decoration 属性设置超链接无下画线：

```
a{text-decoration:none;}            /*设置超链接无下画线*/
```

超链接背景图的应用：使用 background 给超链接添加背景图片。

使用 background 给超链接添加背景图片：

```
a{text-decoration:none;            /*设置超链接无下画线*/
```

【示例 6.1】通过超链接伪类属性制作动态效果的超链接。

```
<!DOCTYPE HTML>
<html>
<head>
<meta http-equiv="Content-Type" content="text/html; charset=utf-8">
<title>链接</title>
```

117

HTML5+CSS3+JavaScript网页设计项目教程

```
<style>
body{
background-color:#99CCFF;
}
a{
font-size:14px;
font-family:Arial, Helvetica, sans-serif;
}
a:link{                                    /* 超链接正常状态下的样式 */
color:red;                                 /* 红色 */
text-decoration:none;                      /* 无下画线 */
}
a:visited{                                 /* 访问过的超链接 */
color:black;                               /* 黑色 */
text-decoration:none;                      /* 无下画线 */
}
a:hover{                                   /* 鼠标指针经过时的超链接 */
color:yellow;                              /* 黄色 */
text-decoration:underline;                 /* 下画线 */
background-color:blue;
}
</style>
</head>
<body>
<a href="home.htm">Home</a>
<a href="east.htm">East</a>
<a href="west.htm">West</a>
<a href="north.htm">North</a>
<a href="south.htm">South</a>
</body>
</html>
```

效果如图 6.2 所示。

图6.2　超链接的各种状态

从图 6.2 中可以看出，超链接本身都变成了红色，且没有下画线。而单击过的超链接变成了黑色，同样没有下画线。当鼠标经过时，超链接变成了黄色，而且出现了下画线。

118

2. 制作按钮式超链接

目前在网页中普遍出现的按钮可以分为两类：一种是有提交功能的按钮；另一种是仅仅表示链接的按钮。网站导航可以使用按钮形式来进行设计，这样的按钮实现的是从一个页面链接到另一个页面的功能。

代码如下：

```html
<!DOCTYPE HTML>
<html>
<head>
<meta http-equiv="Content-Type" content="text/html; charset=utf-8">
<title>按钮超链接</title>
<style>
body{
    background-color:#AAA;
}
a{                                      /* 统一设置所有样式 */
    font-family: Arial;
    font-size: .8em;
    text-align:center;
    margin:3px;
}
a:link, a:visited{                      /* 超链接正常状态、被访问过的样式 */
    color: #A62020;
    padding:4px 10px 4px 10px;
    background-color: #DDD;
    text-decoration: none;
    border-top: 1px solid #EEEEEE;      /* 边框实现阴影效果 */
    border-left: 1px solid #EEEEEE;
    border-bottom: 1px solid #717171;
    border-right: 1px solid #717171;
}
a:hover{                                /* 鼠标经过时的超链接 */
    color:#821818;                      /* 改变文字颜色 */
    padding:5px 8px 3px 12px;           /* 改变文字位置 */
    background-color:#CCC;              /* 改变背景色 */
    border-top: 1px solid #717171;      /* 边框变换，实现"按下去"的效果 */
    border-left: 1px solid #717171;
    border-bottom: 1px solid #EEEEEE;
    border-right: 1px solid #EEEEEE;
}
</style>
</head>
<body>
<a href="home.htm">Home</a>
<a href="east.htm">East</a>
```

```
<a href="west.htm">West</a>
<a href="north.htm">North</a>
<a href="south.htm">South</a>
</body>
</html>
```

效果如图 6.3 所示。

图6.3　按钮式超链接

3. 制作荧光灯效果的菜单

本例制作一个简单竖直排列的菜单效果，在每个菜单项上面有一条深绿色的横线，当鼠标经过时，横线由深绿色变成浅绿色，就好像一个荧光灯点亮后的效果，同时菜单文字变为黄色，以提示用户选中了哪个菜单项目。效果如图 6.4 所示。

图6.4　荧光灯效果菜单

代码如下：

```
<!DOCTYPE HTML>
<html>
<head>
```

```
<meta http-equiv="Content-Type" content="text/html; charset=utf-8">
<title>荧光灯菜单</title>
<style>
/*对menu层设置*/
#menu {
font-family:Arial;
font-size:14px;
font-weight:bold;
width:120px;
padding:8px;
background:#000;
margin:0 auto;        /*设置水平居中*/
border:1px solid #ccc;
 }
/*设置菜单选项*/
#menu a, #menu a:visited {
        display:block;
        padding:4px 8px;
        color:#ccc;
        text-decoration:none;
        border-top:8px solid #060;
        height:1em;
        }
      #menu a:hover {
        color:#FF0;
        border-top:8px solid #0E0;
        }
    </style>
</head>
<body>
    <div id="menu">
      <a href="#" id="first"> Home </a>
      <a href="#"> Contact Us</a>
      <a href="#"> Web Dev</a>
      <a href="#"> Web Design</a>
      <a href="#" id="last"> Map </a>
    </div>
</body>
</html>
```

6.2.2 用CSS控制列表样式

列表元素是网页设计中使用频率非常高的元素，在大多数网站设计上，无论是新闻列表还是产品，或者是其他内容，均需要以列表的形式来体现。

列表形式在网站设计中占有很大比重，信息的显示非常整齐直观，便于用户理解与点击。从出现网页到现在，列表元素一直是页面中非常重要的应用形式。

HTML5+CSS3+JavaScript网页设计项目教程

在 HTML 中，有两种类型的列表。

- 无序列表：列表项标记用特殊图形（如小黑点、小方框等）。
- 有序列表：列表项的标记有数字或字母。

使用 CSS 可以列出进一步的样式，并可用图像作列表项标记。

1. 常用 CSS 列表属性

1）list-style 属性

定义：用于在一个声明中设置一个列表的所有属性的简写属性。该属性是一个简写属性，涵盖了所有其他列表样式属性，仅作用于具有 display 值等于 list-item 的对象（如 li 对象）。

相关：list-style-image   list-style-position   list-style-type

2）list-style-image 属性

说明：设置或检索作为对象的列表项标记的图像。若此属性值为 none 或指定 URL 地址的图片不能被显示时，list-style-type 属性将发生作用。

取值：

- none：默认值。不指定图像。
- url（url）：使用绝对或相对URL地址指定图像。

3）list-style-position 属性

说明：设置或检索作为对象的列表项标记如何根据文本排列。假如一个列表项目的左外补丁（margin-left）被设置为 0，则列表项目标记不会被显示。左外补丁（margin-left）最小可以被设置为 30 。仅作用于具有 display 属性值等于 list-item 的对象，如 li 对象。

取值：

- outside：默认值。列表项目标记放置在文本以外，且环绕文本不根据标记对齐。
- inside：列表项目标记放置在文本以内，且环绕文本根据标记对齐。

4）list-style-type 属性

list-style-type 属性是列表属性中的一种，用来设置列表项目符号的类型。list-style-type 属性的语法结构如下：

```
list-style-type: none | disc | circle | square | decimal decimal-leading-
zero | lower-roman | upper-roman
```

list-style-type 属性值有很多种，这里面只介绍一些常用的属性值，含义如下。

- none：无标记。
- disc：默认值，标记是实心圆。
- circle：标记是空心圆。
- square：标记是实心方块。
- decimal：标记是数字。
- decimal-leading-zero：0开头的数字标记（例如01、02、03等）。

- lower-roman：小写罗马数字（i、ii、iii、iv、v）。
- upper-roman：大写罗马数字（I、II、III、IV、V）。

其实，list-style-type 属性就是定义列表项的编号方式，采用哪种编号方式，取决于列表信息的内容、性质等。

2．制作新闻列表

新闻列表是一个网站的重要组成元素。对新闻列表使用标题，可以突出显示很重要的信息。新闻列表可以是基于文本的内容，也可以是指向现有新闻项目的链接（例如新闻服务上的文章）。新浪网的新闻列表如图 6.5 所示。

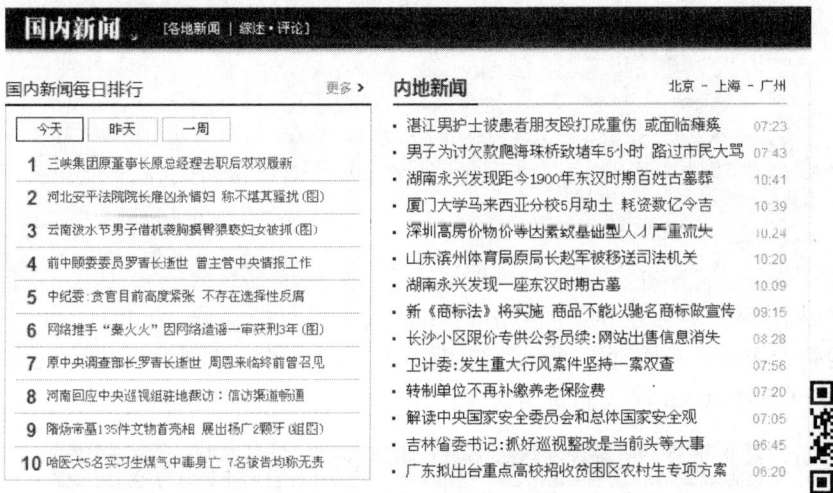

图6.5 新浪网的国内新闻

在网站设计中经常碰到新闻列表，如何处理它的外观显得尤为重要。下面这个实例制作一个基本的新闻列表，将标题与日期制作成单独的浮动，而且在链接的光标悬停时，文字呈现出不同的色彩变化，如图 6.6 所示。

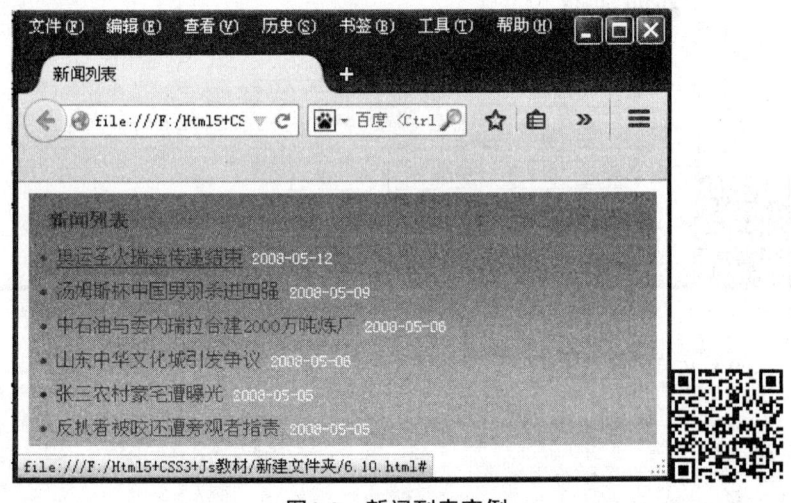

图6.6 新闻列表实例

制作步骤如下。

（1）制作页面的 HTML 代码，如下：

```html
<div id="news">
  <h3>新闻列表</h3>
  <ul id="pagelist">
<li><a href="#"><span class="lbt">奥运圣火瑞金传递结束</span>
<span class="ldt">2008-05-12</span></a></li>
<li><a href="#"><span class="lbt">汤姆斯杯中国男羽杀进四强 </span>
<span class="ldt">2008-05-09</span></a></li>
<li><a href="#"><span class="lbt">中石油与委内瑞拉合建2000万吨炼厂 </span>
<span class="ldt">2008-05-06</span></a></li>
<li><a href="#"><span class="lbt">山东中华文化城引发争议 </span>
<span class="ldt">2008-05-06</span></a></li>
<li><a href="#"><span class="lbt">张三农村豪宅遭曝光 </span>
<span class="ldt">2008-05-05</span></a></li>
<li><a href="#"><span class="lbt">反扒者被咬还遭旁观者指责 </span>
<span class="ldt">2008-05-05</span></a></li>
  </ul>
</div>
```

以上代码分成两部分：标题和新闻列表。<h3> 元素是标题部分，<ul> 元素及其内部的 <li> 元素是新闻列表内容。新闻列表项分为新闻标题和新闻时间，分别由 <span> 元素包含着。如图 6.7 所示为没有添加 CSS 样式的新闻列表。

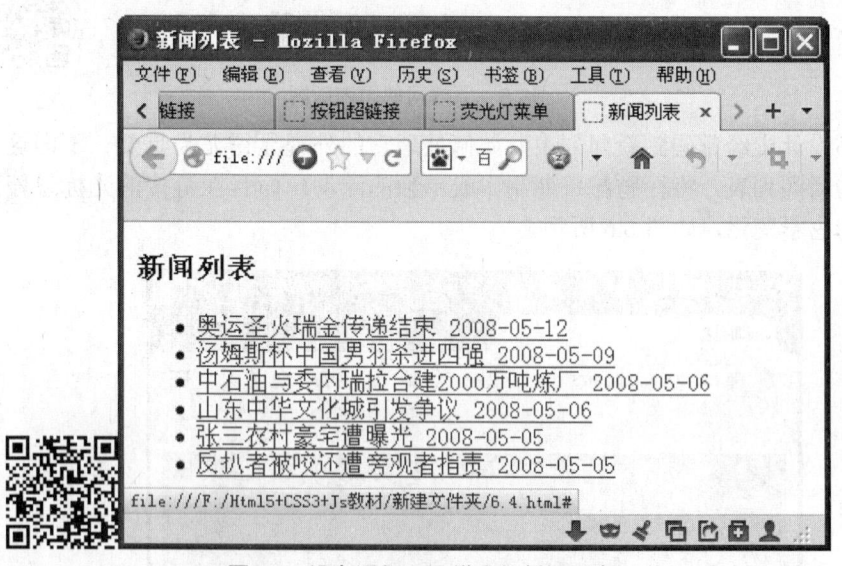

图6.7　没有添加CSS样式的新闻列表

（2）制作 #news 元素的 CSS 样式，代码如下：

```css
#news {
    background-image: url(images/10_01_01.jpg);          /*添加背景图片*/
    background-repeat: no-repeat;                        /*设置背景不平铺*/
}
```

在以上代码中，新闻列表框架使用了一个背景图片，如图 6.8 所示，同时设置了背景不平铺的样式。预览效果如图 6.9 所示。

图6.8　新闻列表背景图

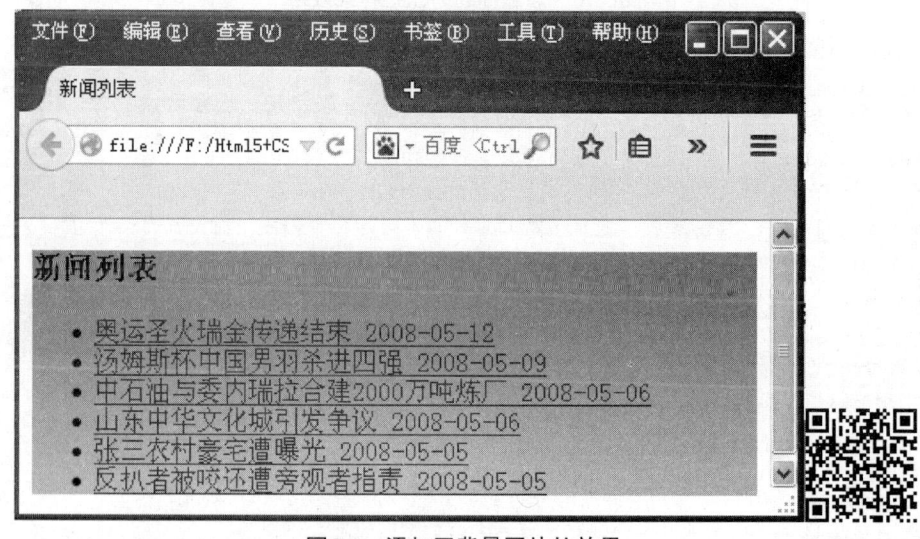

图6.9　添加了背景图片的效果

（3）制作 #news h3 元素的 CSS 样式，代码如下：

```
#news h3{
    color: #C63D00;              /*设置字体颜色*/
    font-size: 14px;            /*设置字体大小*/
    padding-left: 15px;         /*设置左内边距*/
    padding-top: 5px;           /*设置上内边距*/
    line-height: 30px;          /*设置行高30px*/
    margin: 0px;                /*重新设置了外边距, 0px*/
}
```

在以上代码中，定义了列表标题的字体颜色、字体大小、行高，以及 h3 元素的外边距和部分内边距，使得文字能在合适位置显示。这里重新设置 h3 标签的外边距，新的外边距为 0px。预览效果如图 6.10 所示。

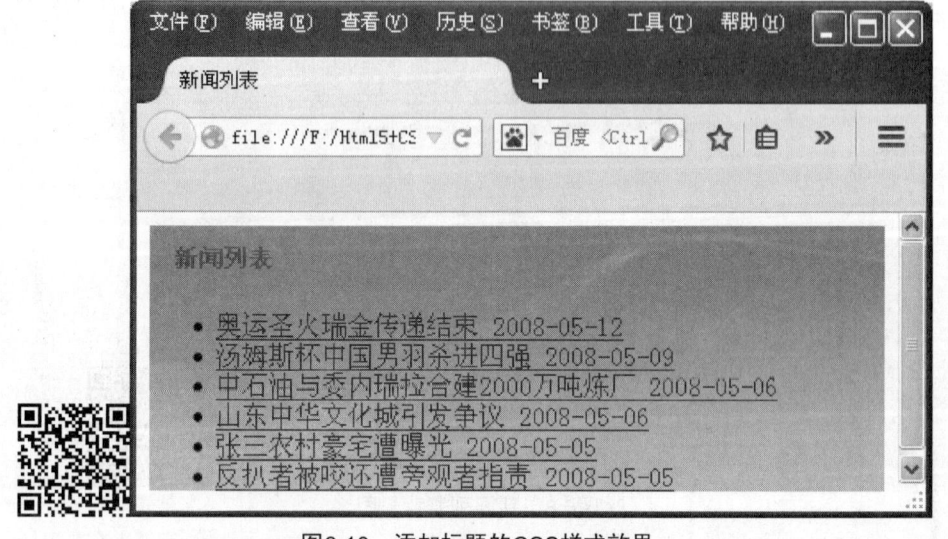

图6.10 添加标题的CSS样式效果

（4）制作新闻列表项的 CSS 样式，代码如下：

```
#pagelist{
    list-style-type: disc;          /*设置列表类型*/
    margin: 0px;                    /*设置外边距*/
    padding: 0px;                   /*重新设置内边距*/
    margin-left: 20px;              /*重新设置左外边距，覆盖之前设置的左外边距*/
}
#pagelist li {
    width:330px;                    /*设置列表项的宽度*/
    line-height: 24px;              /*设置行高*/
    font-size: 14px;                /*设置字体大小*/
    color:#C63D00;                  /*设置字体颜色*/
}
#pagelist li a {
    color:#C63D00;                  /*设置链接文字颜色*/
}
```

在以上代码中，使用类选择符。在 #pagelist 元素中，定义了列表符号样式为小圆点，内边距和外边距都指定为 0px，是为了去除 ul 元素在不同浏览器中可能出现的外边距或内边距。最后重新定义一次左边距为 20px，是为了显示列表符号。在 #pagelist li 元素中，定义了列表项的宽度、行高、字体大小及字体颜色。在 #pagelist li a 元素中，定义了链接的颜色。预览效果如图 6.11 所示。

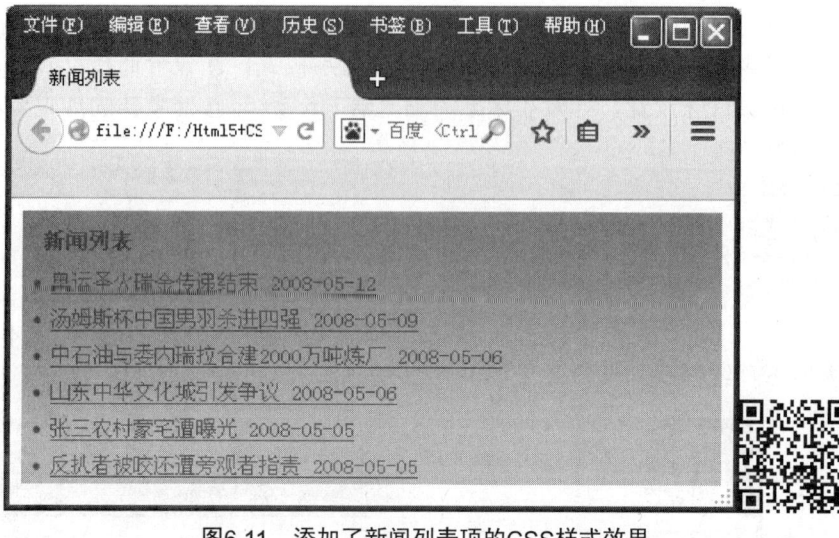

图6.11 添加了新闻列表项的CSS样式效果

（5）制作新闻标题 .lbt 元素的 CSS 样式，代码如下：

```
#pagelist li a .lbt {
    display: inline;                /*设置元素内联显示方式*/
    width:255px;                    /*设置宽度*/
    text-decoration:none;           /*设置链接文字的样式为none*/
}
#pagelist li a:hover .lbt {
    text-decoration: underline;     /*设置链接文字光标经过时的样式*/
}
```

在以上代码中，为了将新闻标题和新闻发生的时间区别开来，去掉了新闻标题链接的下画线样式，新闻标题通过 span 元素来控制样式，通过包含选择符 #pagelist li a .lbt 指定了 class 为 lbt 的 span 元素的显示方式为 inline（内联显示）。预览效果如图 6.12 所示。

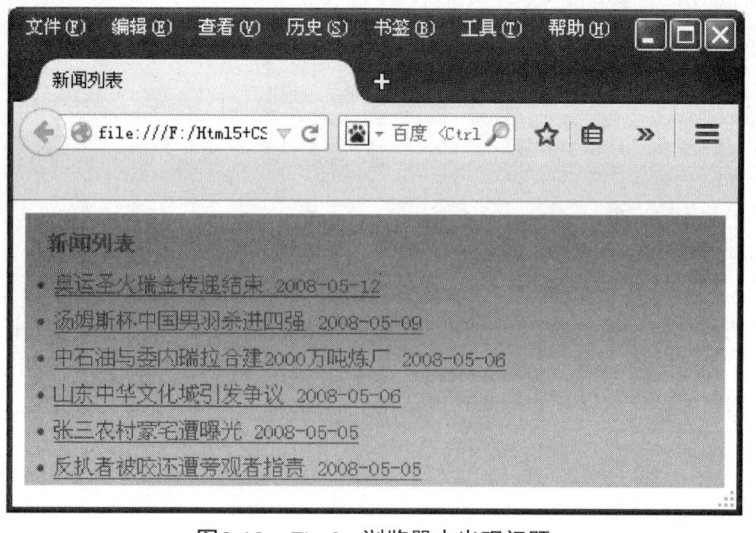

图6.12 Firefox浏览器中出现问题

从图 6.12 中可以看出，本实例在 Firefox 浏览器中出现了问题，列表文字的下画线依然显示。通过观察发现，出现问题的原因是 li 的链接文字样式，在包含选择符 #pagelist li a 里面没有对文本样式做特殊设置，导致在标准的浏览器 Firefox 下按照默认的样式显示。

修改代码如下：

```
#pagelist li a {
    color:#C63D00;
    text-decoration: none;
}
```

在以上代码中，只是针对包含选择符 #pagelist li a 里面的 CSS 添加了一段文本修饰属性，特殊强调了去掉下画线样式。预览效果如图 6.13 所示。

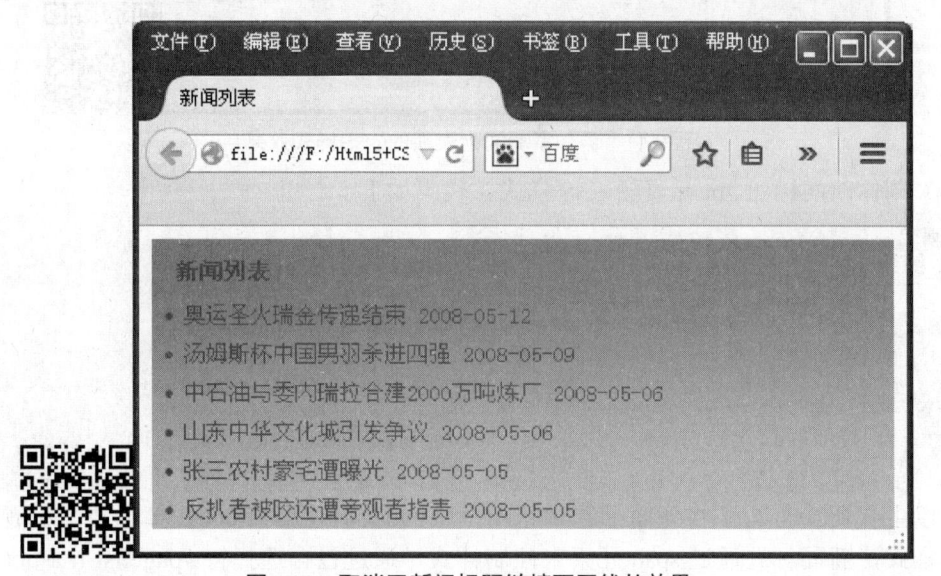

图6.13　取消了新闻标题链接下画线的效果

（6）制作时间 .ldt 元素的 CSS 样式，代码如下：

```
#pagelist li a .ldt {
    display: inline;                          /*设置内联元素显示方式*/
    width:75px;                               /*设置宽度*/
    text-align:center;                        /*设置文本居中*/
    color:#FFF;                               /*设置字体颜色*/
    text-decoration:none;                     /*设置文本修饰样式*/
    font-size: 12px;                          /*设置字体大小*/
}
```

在以上代码中，为了进一步区分新闻标题和时间的样式，又设置了时间的 CSS 样式。新闻时间通过 class 为 idt 的 span 元素来控制，通过包含选择符 #pagelist li a .ldt 指定了 span 元素为内联显示方式，同时还指定了链接文字的颜色、字体大小等属性。最终预览效果如图 6.14 所示。

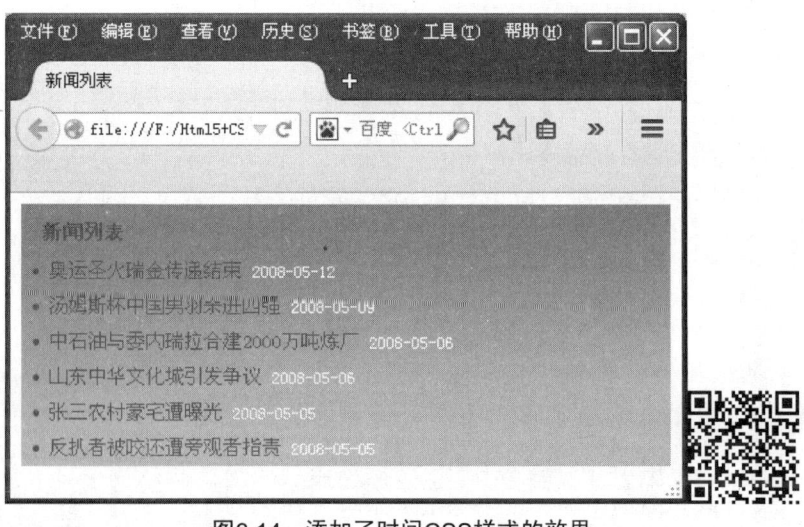

图6.14 添加了时间CSS样式的效果

6.2.3 综合实例——制作多级弹出导航条

多级弹出导航系统，就是在纵向下拉弹出菜单导航基础上，添加上了横向弹出菜单。简单来说，就是弹出菜单的复合应用。本节主要讲解如何实现多级弹出导航的 CSS 设计。下面这个实例主导航有 5 个菜单项，分别为 Blog、Works、Learn、Info、Contact。其中 Work、Learn 两个菜单项有下拉菜单项。Work 菜单项下面有 3 个子菜单，分别为 Websites、Pen and Ink、Free Interfaces，其中在 Websites 子目录的 <li></li> 下面分别又嵌套了一次 <ul></ul>，构成三级嵌套结构，三级嵌套的菜单项包括 qrayg、qArcade、qLoM、qDT。同样，在 learn 导航项下又有两个子目录 Fireworks 和 CSS，在 Fireworks 下又嵌套了一次 <ul></ul>，也构成三级嵌套结构，三级嵌套的菜单项包括 aquaButton、aquaButton2、waterDrop、lightFX、lightFX2。

制作步骤如下。

（1）制作多级导航的 HTML 结构代码如下：

```
<ul id="navmenu">
  <li><a href="#">Blog</a></li>
  <li><a href="#">Work +</a>
    <ul>
      <li><a href="#">Websites +</a>
        <ul>
          <li><a href="#">qrayg</a></li>
          <li><a href="#">qArcade</a></li>
          <li><a href="#">qLoM</a></li>
          <li><a href="#">qDT</a></li>
        </ul>
      </li>
      <li><a href="#">Pen and Ink</a></li>
      <li><a href="#">Free Interfaces</a></li>
    </ul>
  </li>
```

```
<li><a href="#">Learn +</a>
  <ul>
    <li><a href="#">Fireworks +</a>
      <ul>
        <li><a href="#">aquaButton</a></li>
        <li><a href="#">aquaButton2</a></li>
        <li><a href="#">waterDrop</a></li>
        <li><a href="#">lightFX</a></li>
        <li><a href="#">lightFX2</a></li>
      </ul>
    </li>
    <li><a href="#">CSS +</a>
      <ul>
        <li><a href="#">footerStick</a></li>
        <li><a href="#">spriteNav</a></li>
        <li><a href="#">@import</a></li>
      </ul>
    </li>
  </ul>
</li>
<li><a href="#">Info</a></li>
<li><a href="#">Contact</a></li>
</ul>
```

在以上代码中，使用 ul 结构的菜单构成。预览效果如图 6.15 所示。

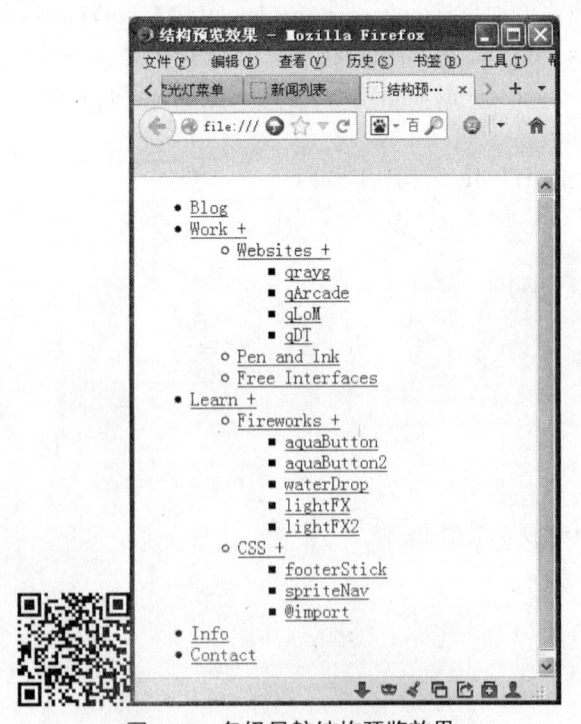

图6.15　多级导航结构预览效果

任务6 主页导航栏的制作

（2）制作导航系统主体的 CSS 样式，代码如下：

```
body {
    background-color: #FFC;          /*设置背景色*/
}
ul#navmenu {
    margin: 0;                       /*设置外边距*/
    border: 0 none;                  /*设置边框样式*/
    padding: 0;                      /*设置内边距*/
    list-style: none;                /*设置列表符号样式*/
    height: 24px;                    /*设置高度*/
}
ul#navmenu li {
    margin: 0;                       /*设置外边距*/
    border: 0 none;                  /*设置边框样式*/
    padding: 0;                      /*设置内边距*/
    float: left;                     /*设置向左浮动定位*/
    display: inline;                 /*设置元素内联样式*/
    list-style: none;                /*设置列表符号样式*/
    position: relative;              /*设置相对定位*/
    height: 24px;                    /*设置高度*/
}
ul#navmenu ul {
    margin: 0;                       /*设置外边距*/
    border: 0 none;                  /*设置边框样式*/
    padding: 0;                      /*设置内边距*/
    width: 160px;                    /*设置宽度*/
    list-style: none;                /*设置列表符号样式*/
    display: none;                   /*设置元素不显示*/
    position: absolute;              /*设置绝对定位*/
    top: 24px;                       /*设置上边界距离*/
    left: 0;                         /*设置左边界距离*/
}
```

在以上代码中，对导航系统所有 ul 元素进行了基本设置。list-style: none 属性能够帮助去掉 ul 中的所有圆点标识；margin: 0px 和 padding: 0px 属性去除了 ul 元素默认的边距；position: relative 属性将元素 ul 设置成相对定位元素。预览效果如图 6.16 所示。

（3）制作导航项的 CSS 样式，代码如下：

```
ul#navmenu a {
    border: 1px solid #FFF;                  /*设置边框样式*/
    border-right-color: #CCC;                /*设置右边框颜色*/
    border-bottom-color: #CCC;               /*设置下边框颜色*/
    padding: 0 6px;                          /*设置内边距*/
    display: block;                          /*设置元素显示方式*/
    background: #EEE;                        /*设置背景颜色*/
    color: #666;                             /*设置字体颜色*/
```

131

```
font: bold 10px/22px Verdana, Arial, Helvetica, sans-serif;/*设置字体样式*/
text-decoration: none;                    /*设置链接文字样式*/

}
```

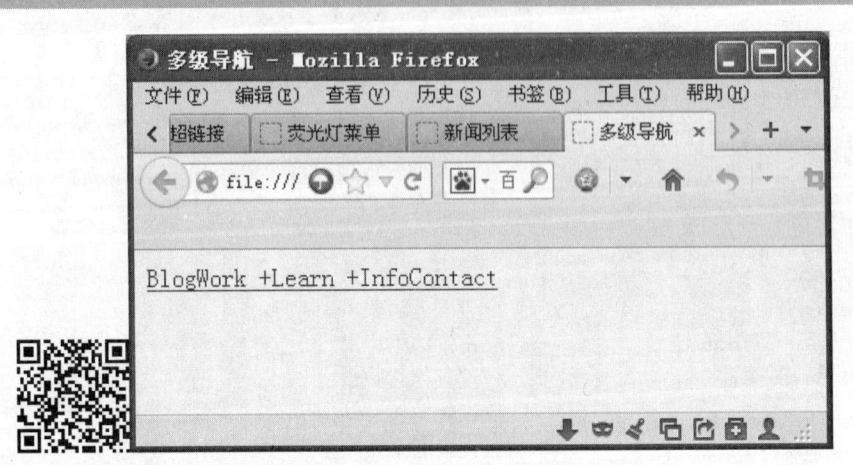

图6.16　将导航设置成水平方向

　　在以上代码中，主导航是横向的，对导航项进行了样式设置，使每个导航项从视觉上看起来像是一个可以交互的按钮，有下拉项的后边使用一个"+"，表示可以弹出下拉菜单。本步骤主要是对导航项进行美化，预览效果如图 6.17 所示。

图6.17　对导航项进行美化

（4）制作导航项的一级菜单添加光标交互的 CSS 样式，代码如下：

```
ul#navmenu a:hover, ul#navmenu li:hover a, ul#navmenu li.iehover a {
    background: #CCC;                      /*设置链接区域的背景色*/
    color: #FFF;                          /*设置链接文字的字体颜色*/
}
```

　　在以上代码中，使用包含选择符、群组选择符及伪类，为导航项的主菜单、甚至是以后将要添加的二级、三级导航项添加了光标交互效果。这种交互效果是统一的，都是光标移过时，按钮变成灰色。这里先制作了一级导航，预览效果如图 6.18 所示。

任务6　主页导航栏的制作　

图6.18　光标经过learn导航项时的交互效果

（5）制作二级、三级菜单项的 CSS 样式，代码如下：

```css
ul#navmenu li:hover li a, ul#navmenu li.iehover li a {
    float: none;                        /*设置不浮动*/
    background: #EEE;                   /*设置背景色*/
    color: #666;                        /*设置字体颜色*/
}

ul#navmenu li:hover li a:hover, ul#navmenu li:hover li:hover a, ul#navmenu
li.iehover li a:hover, ul#navmenu li.iehover li.iehover a {
    background: #CCC;                   /*设置背景色*/
    color: #FFF;                        /*设置字体颜色*/
}

ul#navmenu li:hover li:hover li a, ul#navmenu li.iehover li.iehover li a {
    background: #EEE;                   /*设置背景色*/
    color: #666;                        /*设置字体颜色*/
}

ul#navmenu li:hover li:hover li a:hover, ul#navmenu li:hover li:hover
li:hover a, ul#navmenu li.iehover li.iehover li a:hover, ul#navmenu li.iehover
li.iehover li a {
    background: #CCC;                   /*设置背景颜色*/
    color: #FFF;                        /*设置字体颜色*/
}

ul#navmenu li:hover li:hover li:hover li a, ul#navmenu li.iehover
li.iehover li a {
    background: #EEE;                   /*设置背景色*/
    color: #666;                        /*设置字体颜色*/
}
```

在以上代码中，分别对二级、三级导航项设置了默认样式及光标经过的样式，同样使用了包含选择符、组合选择符及伪类来定义 CSS 的样式。

（6）制作弹出的交互效果 CSS 样式，代码如下：

```css
ul#navmenu li:hover ul ul, ul#navmenu li:hover ul ul ul, ul#navmenu
li.iehover ul ul, ul#navmenu li.iehover ul ul ul {
```

```
    display: none;
  }
  ul#navmenu li:hover ul, ul#navmenu ul li:hover ul, ul#navmenu ul ul
li:hover ul, ul#navmenu li.iehover ul, ul#navmenu ul li.iehover ul, ul#navmenu
ul ul li.iehover ul {
    display: block;
  }
```

在以上代码中，由于所有的弹出效果的原理一样，都是在 CSS 样式中将其设置为 display: block，所以使用了组合选择符，并将其统一设置了样式。预览效果如图 6.19 所示。

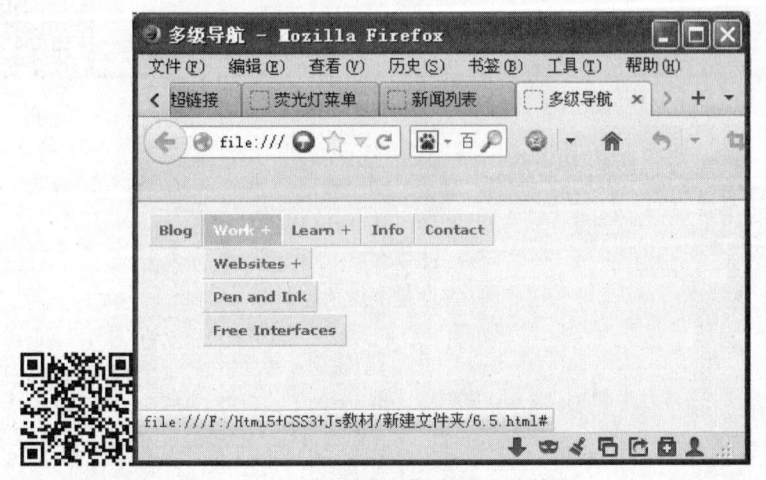

图6.19　多级弹出导航条的预览效果

6.3　任务实施

（1）准备背景图片素材。

制作本网站导航需要 3 个素材，如图 6.20～图 6.22 所示。

图6.20　导航背景图片nav.gif

图6.21　导航栏目分隔线nav_1.gif

导航栏目分隔线是一条白线竖线，为了能看行得清，故添加了黑色底纹。

图6.22　鼠标经过导航栏目时的背景图片navhover.gif

（2）制作导航的 HTML 结构代码。

```
<div class="nav">
     <dl >
<dt><a href="#" hidefocus="true" >首页</a></dt>
     <dd ><a href="indextwo.html" hidefocus="true" >新闻资讯</a></dd>
     <dd ><a href="threeindex.html" hidefocus="true" >绿色出行</a></dd>
     <dd ><a href="fourindex.html" hidefocus="true" >两型生活</a></dd>
     <dd ><a href="qixing.html" hidefocus="true" >骑行世界</a></dd>
     <dd ><a href="cheyou.html" hidefocus="true" >车友天地</a></dd>
     <dd ><a href="sevenindex.html" hidefocus="true" >线路推荐</a></dd>
     <dd ><a href="eightindex.html" hidefocus="true" >绿色服务</a></dd>
     </dl>
   </div>
```

（3）给导航 div 添加 CSS 样式。

```
.nav {
   BACKGROUND:  url(../images/nav/nav.gif);
   HEIGHT: 40px;
   WIDTH: 980px;
}
```

（4）给导航 div 中的 DT 和 DD 添加 CSS 样式。

```
.nav DT {
   PADDING-BOTTOM:0px; PADDING-LEFT: 15px;
PADDING-RIGHT: 15px; PADDING-TOP: 0px;
FLOAT: left; HEIGHT: 40px; WIDTH: 88px;
}
.nav DD {
BACKGROUND: url(../images/nav/nav_1.gif) no-repeat left 50%;
   PADDING-BOTTOM: 0px; PADDING-LEFT: 15px;
PADDING-RIGHT: 15px; PADDING-TOP: 0px;
WIDTH: 88px; FLOAT: left; HEIGHT: 40px;
}
```

（5）给导航 div 中的超链接添加 CSS 样式。

```
.nav DT A {
   TEXT-ALIGN: center; LINE-HEIGHT: 40px; WIDTH: 88px; HEIGHT: 40px;
DISPLAY: block; COLOR: #fff; FONT-SIZE: 14px; FONT-WEIGHT: 700;
}
.nav DD A {
   TEXT-ALIGN: center; LINE-HEIGHT: 40px; WIDTH: 88px; HEIGHT: 40px;
DISPLAY: block; COLOR: #fff; FONT-SIZE: 14px; FONT-WEIGHT: 700;
}
.nav DT A:hover {
   BACKGROUND: url(../images/nav/navHover.gif) no-repeat center 50%;
COLOR: #ffff00;
}
```

HTML5+CSS3+JavaScript网页设计项目教程

```
.nav DD A:hover {
    BACKGROUND: url(../images/nav/navHover.gif) no-repeat center 50%;
COLOR: #ffff00;
}
```

最终预览效果如图 6.23 所示。

图6.23　主页导航栏

6.4　任务拓展——圆角设计

CSS3 的一大优点就是支持圆角。传统的圆角生成方案必须使用多张图片作为背景图案，CSS3 的出现使得我们再也不必浪费时间去制作这些图片了，而且还有其他多个优点：

- 减少维护的工作量。图片文件的生成、更新、编写网页代码等工作都不再需要了。
- 提高网页性能。由于不必再发出多余的HTTP请求，网页的载入速度将变快。
- 增加视觉可靠性。某些情况下（网络拥堵、服务器出错、网速过慢等），背景图片会下载失败，导致视觉效果不佳。CSS3就不会发生这种情况。

1. border-radius 属性

CSS3 圆角只需设置一个属性：border-radius（含义是"边框半径"）。为这个属性提供一个值，就能同时设置 4 个圆角的半径。所有合法的 CSS 度量值都可以使用 em、ex、pt、px、百分比等。

如图 6.24 所示是一个 div 方框。

现在设置它的圆角半径为 15px：border-radius: 15px;，效果如图 6.25 所示。

图6.24　div方框

图6.25　border-radius属性设置一个值

这条语句同时将每个圆角的"水平半径"（horizontal radius）和"垂直半径"（vertical radius）都设置为 15px，如图 6.26 所示。

任务6　主页导航栏的制作

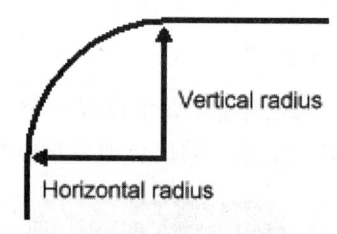

图6.26　圆角的"水平半径"和"垂直半径"示意图

border-radius 可以同时设置 1～4 个值。如果设置一个值，表示 4 个圆角都使用这个值；如果设置两个值，表示左上角和右下角使用第一个值，右上角和左下角使用第二个值；如果设置 3 个值，表示左上角使用第一个值，右上角和左下角使用第二个值，右下角使用第三个值；如果设置 4 个值，则依次对应左上角、右上角、右下角、左下角（顺时针顺序），如图 6.27～图 6.29 所示。

图6.27　border-radius:15px 5px属性设置两个值　　　图6.28　border-radius:15px 5px 25px属性设置3个值

图6.29　border-radius:15px 5px 25px 0px属性设置4个值

> **提 示**
>
> 左下角的半径为0，就变成直角了。

2. 单个圆角的设置

除了同时设置 4 个圆角以外，还可以单独对每个角进行设置。对应 4 个角，CSS3 提供 4 个单独的属性：

- border-top-left-radius。
- border-top-right-radius。

137

- border-bottom-right-radius。
- border-bottom-left-radius。

这4个属性都可以同时设置1～2个值。如果设置一个值，表示水平半径与垂直半径相等；如果设置两个值，第一个值表示水平半径，第二个值表示垂直半径，如图6.30和图6.31所示。

图6.30   border-top-left-radius: 15px 属性设置一个值

图6.31   border-top-left-radius: 15px 5px属性设置两个值

6.5   练习与实训

一、简答题

1. 列举改变超链接的伪类样式，并说明它们的区别。
2. 简述利用 CSS3 制作圆角的优势。

二、上机实训

1. 设计及制作一个动感导航条。
2. 设计及制作一个多级弹出导航条。

任务 **7**

制作网站登录与注册表单

学习目标

知识目标

- 掌握常用HTML5表单元素
- 掌握利用CSS3美化表单

技能目标

- 利用HTML5和CSS3制作各种表单界面
- 利用HTML5和CSS3制作登录和注册界面

7.1 任务描述

表单（Form）作为网页与用户接触最直接、最频繁的页面元素，其在网站用户体验中占有最重要的位置。通过表单可以收集用户的信息和反馈意见，它是网站管理者与浏览者之间沟通的桥梁，是用于吸引新用户、留住新用户的重要工具。如果表单设计用户体验不高，无疑将会使网站用户黏性大大降低。网页设计师在设计表单时必须更多地从用户的角度考虑，因为差的表单设计不仅不会引起用户兴趣，甚至会吓跑用户；而好的表单设计能给网站增加注册量、促进销售。

然而用户是不喜欢填写表单的，但对于服务提供方表单又是至关重要的。所以要把表单的体验做好，如尽量精简的表单项、合理的错误提示、预检测机制及适时出现表单。

一般网站都有用户登录与注册功能，本网站也不例外。本任务主要完成网站登录与注册表单的制作。效果预览如图 7.1 和图 7.2 所示。

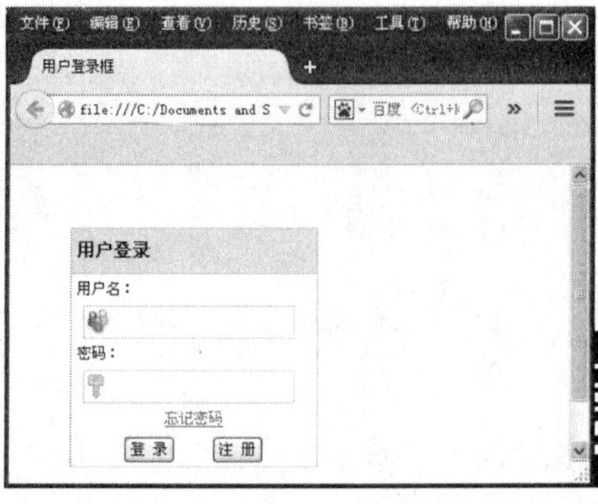

图7.1 用户登录表单

HTML5+CSS3+JavaScript网页设计项目教程

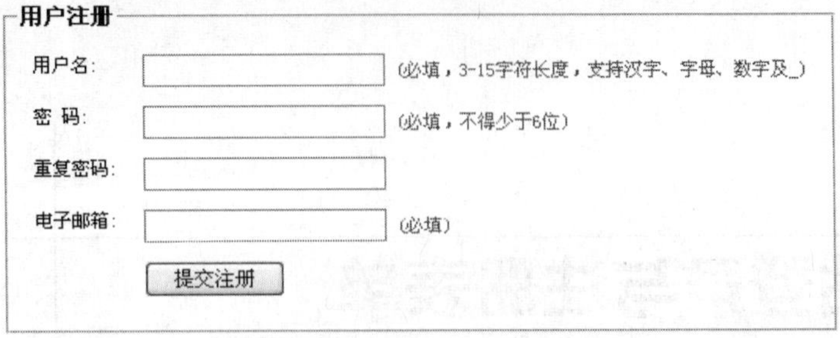

图7.2 用户注册表单

7.2 核心知识

7.2.1 表单基本元素的使用

什么是表单元素？在注册功能中，输入用户名、输入口令、输入生日、选择学历、选择地区、输入地址信息的输入框、下拉框、单选按钮都是表单元素。之所以能够显示成我们看到的样子，是因为它们对应的是 HTML 代码。要完成输入功能，需要使用 HTML 语言提供的这些表单元素。下面介绍常用的表单元素。

1．单行文本输入框（text）

在注册功能中，输入用户名和生日的输入框就是单行文本框。需要输入少量信息的时候应该使用单行文本框。

基本语法格式如下：

```
<input type="text" name="..."  value="..."  size=" ..." maxlength=" ...">
```

其中，属性 type 用于确定表单元素的类型，后面我们会看到很多表单元素的格式非常类似，值为"text"表示这是一个单行文本框；属性 name 的值表示文本框的名字；属性 value 的值表示这个文本框的值，通常不需要 value 属性，它的值一般是让用户输入的，如果需要给定这个输入框默认值，可以使用这个属性给定默认值；属性 size 表示文本框的宽度；属性 maxlength 定义最多输入的字符数。

【示例 7.1】单行文本输入框应用实例。

```
<!DOCTYPE html>
<html>
<head><title>输入用户的姓名</title></head>
<body>
<form>
请输入您的姓名：
<input type="text" name="yourname" size="20" maxlength="20">
<br>
请输入您的地址：
<input type="text" name="youradr" size="30" maxlength="30">
</form>
```

140

任务7　制作网站登录与注册表单

```
</body>
</html>
```

浏览效果如图 7.3 所示。

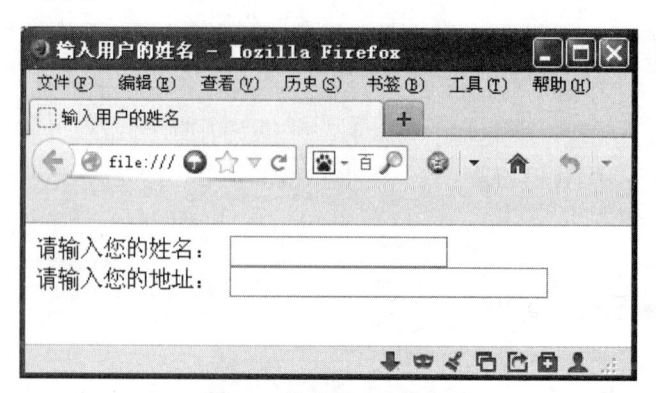

图7.3　单行文本输入框

2．密码输入框（password）

在注册功能设置密码的时候使用两个密码框。通常在设置密码和身份验证的时候会使用密码框。密码框的特点是在输入信息之后，界面上并不显示用户输入的信息，而是显示"*"号或者"."，但是用户提交给服务器的信息不是"*"号或者"."。

密码框的基本格式如下：

```
<input type="password" name="..."  value="..." size=" ..." maxlength="...">
```

这个格式与单行文本框非常类似，不同的是 type 属性的值。这里 type 属性的值为"password"，说明这个表单元素是密码框。另外两个属性的作用与单行文本框完全相同。请记住：密码框与单行本文框的区别是，密码框对应的 type 属性的值为"password"。

注 意

只要是设置密码就应该让用户输入两遍密码。因为输入密码之后显示"*"号，这样如果用户输入错误了，用户也不知道输入错误，以后使用就麻烦了。

【示例 7.2】密码输入框应用实例。

```
<!DOCTYPE html>
<html>
<head><title>输入用户姓名和密码 </title></head>
<body>
<form >
用户姓名：
<input type="text" name="yourname">
<br>
登录密码：
<input type="password" name="yourpw"><br>
</form>
```

141

HTML5+CSS3+JavaScript网页设计项目教程

```
</body>
</html>
```

浏览效果如图 7.4 所示。

图7.4 密码输入框

3. 单选按钮（radio）

在注册功能中，用户选择学历使用的是单选按钮，并且是多个单选按钮，每个选项对应一个单选按钮，用户只能选择其中一个，多个单选按钮的格式相同。如果用户要输入的信息只有少数几种可能，这时候应该使用单选按钮。

单选按钮的基本格式如下：

```
<input type="radio" name="..." value="...">显示的信息
```

与单行本文框格式基本相同，type 属性的值为 "radio"，说明这个表单元素是单选按钮。name 仍然是元素的名字，value 属性的值是这个单选按钮的值。这个值不会显示给用户，用户能够看到的是标签后面的部分。

单选按钮通常不独立出现，每一种可能的选项就对应一个单选按钮，每个单选按钮对应一个不同的值。用户选择哪个单选按钮，哪个单选按钮的值就传递到服务器。

【示例 7.3】单选按钮应用实例。

```
<!DOCTYPE html>
<html>
<head><title>选择感兴趣的图书</title></head>
<body>
<form >
请选择您感兴趣的图书类型：
<br>
<input type="radio" name="book" value = "Book1">网站编程<br>
<input type="radio" name="book" value = "Book2">办公软件<br>
<input type="radio" name="book" value = "Book3">设计软件<br>
<input type="radio" name="book" value = "Book4">网络管理<br>
<input type="radio" name="book" value = "Book5">黑客攻防<br>
</form>
```

任务7　制作网站登录与注册表单

```
</body>
</html>
```

浏览效果如图 7.5 所示。

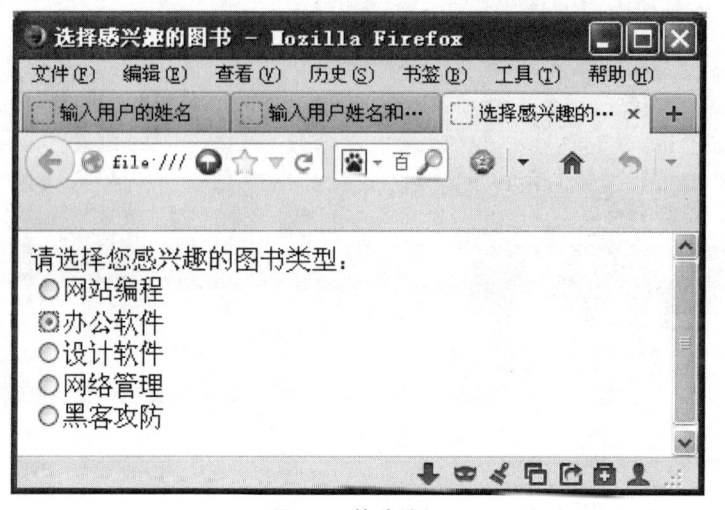

图7.5　单选按钮

注　意

一组单选按钮的名字必须相同，但是值不同。单选按钮的值与用户看到的在界面上显示的信息没有关系。

4．复选框（checkbox）

复选框是一种可同时选中多项的基础控件，主要让用户在一组选项里可以同时选择多个选项。基本格式如下：

```
<input type="checkbox" name="..." value="...">显示的信息
```

type 的值为 checkbox，说明这些元素是复选框；name 仍然是元素的名字，同一组中的复选框必须用同一个名称；value 属性的值是这个复选框的值。

复选框与单选按钮非常类似，相同的地方：

- 一般都不单独出现，而是成组出现。
- 同一组复选框或者单选按钮的名字相同。
- 必须指定值。
- 选择哪一个选项，得到的是这个选项对应的值。
- 每个选项的值和显示给用户看的信息是独立的。

不同的地方：

- 单选按钮对应的 type 属性的值是"radio"，而复选框对应的 type 属性的值是"checkbox"。
- 单选按钮只能选择一个，而复选框能选择多个。

143

HTML5+CSS3+JavaScript网页设计项目教程

【示例 7.4】复选框应用实例。

```
<!DOCTYPE html>
html>
<head><title>选择感兴趣的图书</title></head>
<body>
<form >
请选择您感兴趣的图书类型：<br>
<input type="checkbox" name="book" value = "Book1">网站编程<br>
<input type="checkbox" name="book" value = "Book2">办公软件<br>
<input type="checkbox" name="book" value = "Book3">设计软件<br>
<input type="checkbox" name="book" value = "Book4">网络管理<br>
<input type="checkbox" name="book" value = "Book5" checked>黑客攻防<br>
</form>
</body>
</html
```

注 意

checked属性主要用来设置默认选中项。

浏览效果如图 7.6 所示。

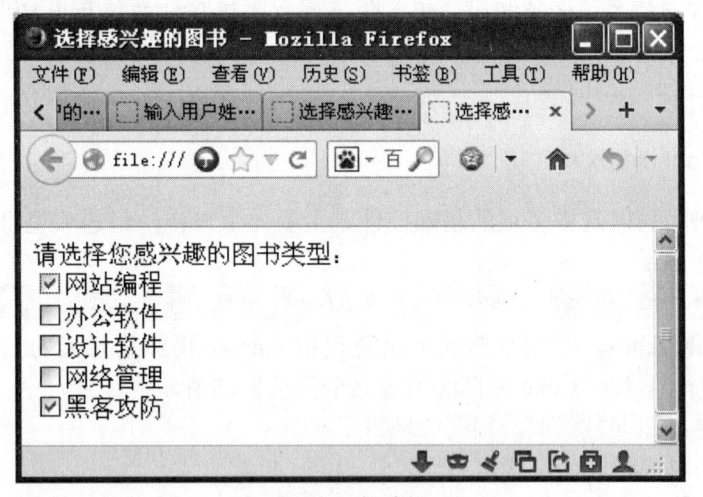

图7.6 复选框

5. 下拉框（select）

在注册功能中，地区的选择使用了下拉框，可以从地区列表中选择一个地区。在这个例子中，只允许选择一个，在有些情况下，下拉框可以进行多选。所以，从功能上来说，下拉框具有单选按钮和复选框两者的功能。

任务7 制作网站登录与注册表单

下拉框的基本格式：

```
<select name="下拉框的名字" [multiple] [size=n]>
    <option value="值1" [selected]>值1</option>
    <option value="值2" [selected]>值2</option>
    <option value="值3" [selected]>值3</option>
    <option value="值4" [selected]>值4</option>
    ...
    <option value="值n" [selected]>值n</option>
</select>
```

从这个格式可以看出，下拉框与前面几个表单元素的格式完全不同。下拉框由两部分组成：第一部分是下拉框本身；第二部分是多个下拉框选项。

下拉框本身的开始标志是 <select name…>，结束标志是 </select>。在开始标志中，name 表示下拉框的名字，是必需的，与前面介绍的其他元素的名字作用相同。multiple 属性用于确定下拉框中的元素是否允许多选，如果允许多选，需要写这个属性；如果不允许多选，则不用写，默认是单选。size 属性用于确定下拉框的显示形式，如果 size 等于 1，采用下拉框的形式；如果 size 大于 1，采用具有滚动条的列表框的形式。默认情况下是下拉框的形式。

下拉框中的每个选项对应一个 option 标签，开始标志是 <option…>，结束标志是 </option>，中间是显示给用户的选项。在开始标志中，可以使用 value 指定这个选项的值，与单选按钮和复选框的用法类似。另外，在开始标志中，可以使用 selected 属性，如果使用这个属性，则表示整个选项被选上了。如果想设定当前选项为默认选项，可以使用 selected 属性。

【示例 7.5】下拉框应用实例。

```
<!DOCTYPE html>
<html>
<head><title>选择感兴趣的图书</title></head>
<body>
<form>
请选择您感兴趣的图书类型：<br>
<select name="fruit" size = "5" multiple>
<option value="Book1">网站编程
<option value="Book2">办公软件
<option value="Book3">设计软件
<option value="Book4">网络管理
<option value="Book5">黑客攻防
</select>
</form>
</body>
</html>
```

浏览效果如图 7.7 所示。

HTML5+CSS3+JavaScript网页设计项目教程

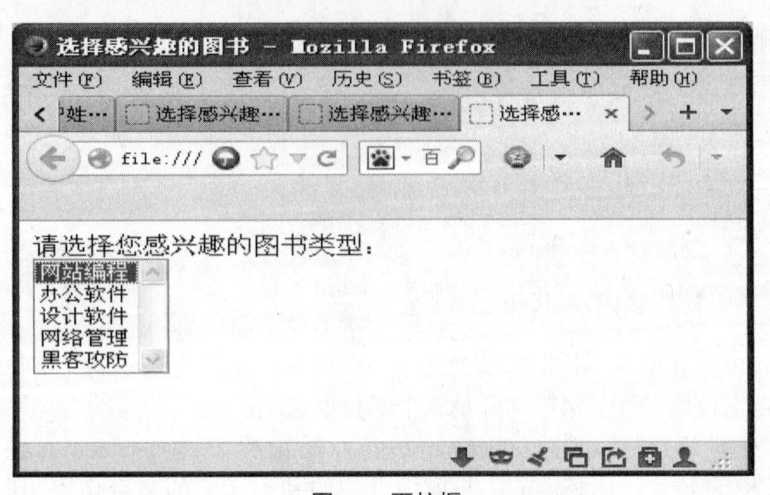

图7.7　下拉框

6．文本域（textarea）

文本域主要用于输入多行文字。如果输入的文字比较多的时候，可以采用文本域。

文本域的基本格式如下：

```
<textarea rows="行数" name="名字" cols="列数">默认值</textarea>
```

该标签由 3 部分组成：开始标志 `<textarea…>`、标签的默认值、结束标志 `</textarea>`。在标签的开始标志中，name 属性的作用同样是指出表单元素的名字，使用 rows 指定文本域的行数，使用 cols 指定文本域的列数。

在注册功能中，输入备注采用的就是文本框。代码如下：

```
<textarea rows="8" name="comment" cols="40">默认值</textarea>
```

> **注　意**
>
> 文本域不是通过value属性赋值，而是把值写在开始标志和结束标志之间。

【示例 7.6】 文本域应用实例。

```
<!DOCTYPE html>
<html>
<head><title>多行文本输入</title></head>
<body>
<form>
请输入您最新的工作情况<br>
<textarea name="yourworks" cols ="50" rows = "5"></textarea>
<br>
<input type="submit" value="提交">
</form>
</body>
</html>
```

146

任务7 制作网站登录与注册表单

浏览效果如图 7.8 所示。

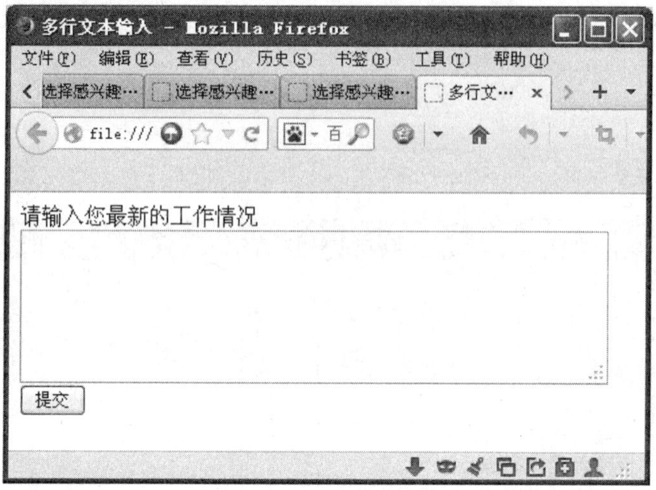

图7.8 文本域

7. 重置按钮（reset）

单击重置按钮可以把所有的输入信息取消，让输入界面恢复到最初的状态。在注册界面中，如果用户在输入过程中不想使用已经输入的信息，可以把已经输入的信息全部删除。但是，如果单击重置按钮一下就可以完成这个任务。

重置按钮的基本格式如下：

```
<input type="reset" value="重置">
```

与单行文本框的语法非常相似，重置按钮的 type 值为 reset。另外，在这个格式中没有看到 name 属性，这里把 name 属性省略了，因为这个表单元素比较特殊，特殊的地方在于它不是用于提交信息的，所以不用给出名字，系统会给出一个默认名字。value 属性指出这个按钮上显示的内容。

> **注 意**
>
> 重置按钮并不是清空所有的信息，而是把所有的元素恢复到默认值。

【示例 7.7】重置按钮应用实例。

```
<!DOCTYPE html>
html>
<body>
<form>
请输入用户名称：
<input type='text'>
<br/>
请输入用户密码：
<input type='password'>
```

147

```
<br>
<input type="submit" value="登录">
<input type="reset" value="重置">
</form>
</body>
</html>
```

浏览效果如图7.9所示。

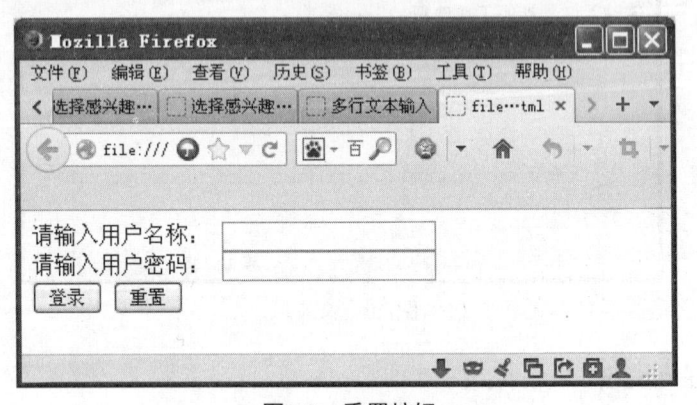

图7.9 重置按钮

8．提交按钮（submit）

只要涉及提交信息，都应该提供一个提交按钮，当单击提交按钮的时候，用户输入的信息将提交给服务器，意味着输入过程的结束。注册界面中也包含一个提交按钮。

提交按钮的基本格式如下：

```
<input type="submit" value="提交">
```

提交按钮与重置按钮的格式基本相同，并且提交按钮也比较特殊。提交按钮本身可以完成信息的提交，但是提交按钮本身的信息通常没有用，所以也不关心提交按钮的名字，value的值是提交按钮上面显示的内容。

【示例7.8】提交按钮应用实例。

```
<!DOCTYPE html>
html>
<head><title>输入用户名信息</title></head>
<body>
<form  action="http://www.yinhangit.com/yonghu.asp" method="get">
请输入你的姓名：
<input type="text" name="yourname"><br>
请输入你的住址：
<input type="text" name="youradr"><br>
请输入你的单位：
<input type="text" name="yourcom"><br>
请输入你的联系方式：
<input type="text" name="yourcom"><br>
<input type="submit" value="提交">
```

```
</form>
</body>
</html>
```

浏览效果如图 7.10 所示。

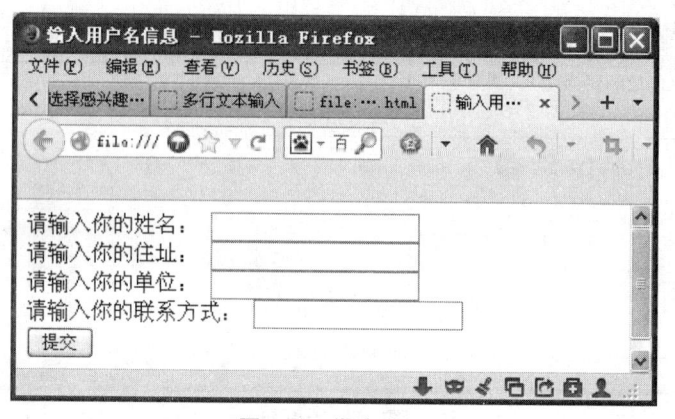

图7.10 提交按钮

7.2.2 表单高级元素的使用

在 HTML5 中，对 input 元素进行了大幅度的改进，使得我们可以简单地使用这些新增的元素属性来实现需要 JavaScript 来能实现的功能。

下面介绍这些新的输入类型：

- email。
- url。
- number。
- range。
- Date pickers (date, month, week, time, datetime, datetime-local)。
- search。
- color。

1. url 属性

input 元素里的 url 类型是一种专门用来输入 URL 地址的文本框。如果该文本框中的内容不是 URL 地址格式的文字，则不允许提交。代码格式如下：

```
<input type="url"name="表单元素的名字" value="默认值">
```

【示例 7.9】url 属性应用实例。

```
<!DOCTYPE html>
<html>
<body>
<form>
<br/>
请输入网址：
<input type="url" name="userurl"/>
```

```
</form>
</body>
</html>
```

浏览效果如图 7.11 所示。

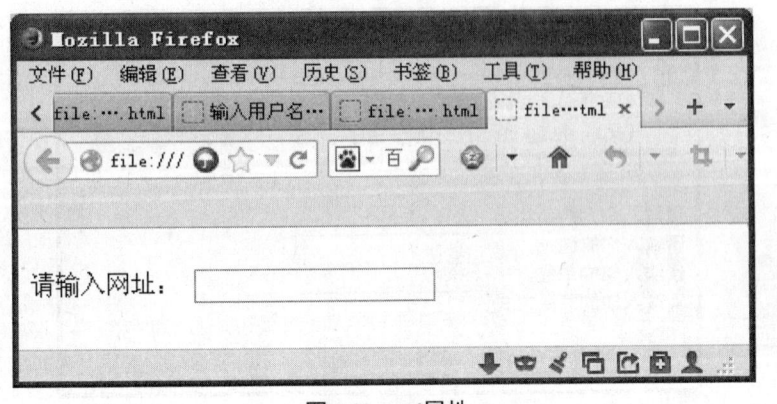

图7.11 url属性

2. email 属性

如果用户在该文本框中输入的不是 E-mail 地址的话，则会提醒不允许提交。但值得注意的是，它并不检查该 E-mail 地址是否存在。代码格式如下：

```
<input type="email" name="表单元素的名字">
```

> **注 意**
>
> 如果另外加上required属性的时候，提交时该文本是不能为空的。

【示例 7.10】email 属性应用实例。

```
<!DOCTYPE html>
<html>
<body>
<form>
<br/>
请输入您的邮箱地址:
<input type="email" name="user_email" required/>
<br>
<input type="submit" value="提交">
</form>
</body>
</html>
```

浏览效果如图 7.12 所示。

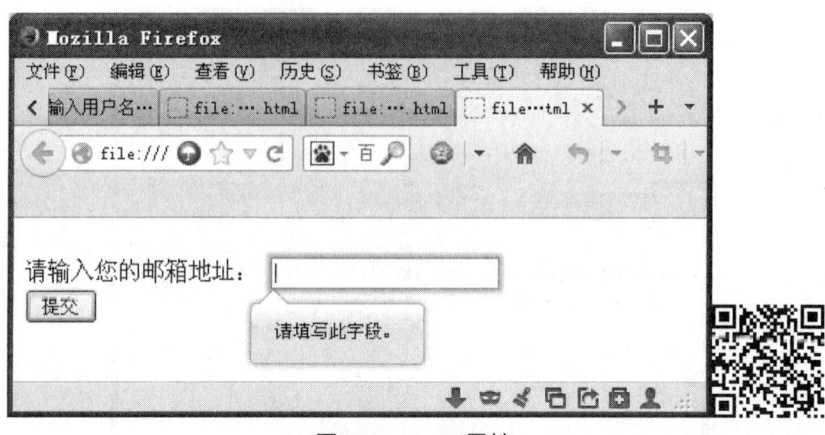

图7.12   email属性

3. 日期选择器

HTML5 拥有多个可供选取日期和时间的新输入类型。

- date：选取日、月、年。
- month：选取月、年。
- week：选取周和年。
- time：选取时间（小时和分钟）。
- datetime：选取时间、日、月、年（UTC 时间）。
- datetime-local：选取时间、日、月、年（本地时间）。

上述属性的代码格式类似。以 date 属性为例，代码格式如下：

```
<input type="date" name="user_date" value="2014-03-30">
```

【示例 7.11】日期选择器应用实例。

```
<!DOCTYPE html>
<html>
<body>
<form>
<br/>
请选择购买商品的日期：
<br/>
<input type="date" name="user_date" value="2014-03-30"/>
</form>
</body>
</html>
```

因 Firefox 浏览器不支持 date 等日期和时间相关属性，故在 Opera 20 浏览器中浏览，效果如图 7.13 所示。

HTML5+CSS3+JavaScript网页设计项目教程

图7.13　date属性

4．number 属性

number 属性提供了一个输入数字的输入类型。用户可以直接输入数字或者通过单击微调框中的按钮选择数字，代码格式如下：

```
<input type="number" name="shuzi"/>
```

【示例 7.12】number 属性应用实例。

```
<!DOCTYPE html>
<html>
<body>
<form>
<br/>
此网站我曾经来
<input type="number" name="shuzi "/>次了哦！
</form>
</body>
</html>
```

效果如图 7.14 所示。

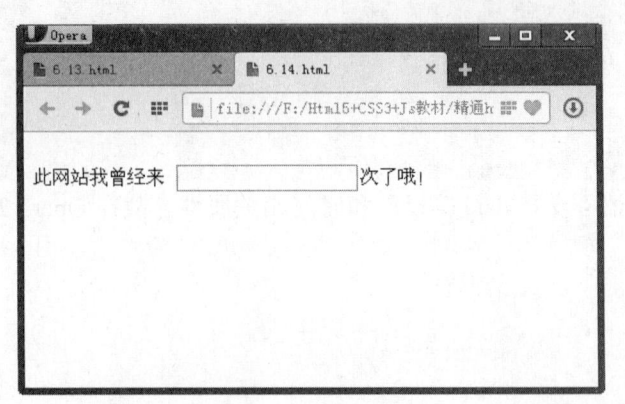

图7.14　number 属性

152

5. range 属性

range 属性用于包含一定范围内数字值的输入域，并以滑动条显示，还能够设定对所接受的数字的限定，代码格式如下：

```
<input type="range" name=" " min=" "  max=" " />
```

【示例 7.13】range 属性应用实例。

```
<!DOCTYPE html>
html>
<body>
<form>
<br/>
英语成绩公布了！我的成绩名次为：
<input type="range" name="ran" min="1" max="10" />
</form>
</body>
</html>
```

效果如图 7.15 所示。

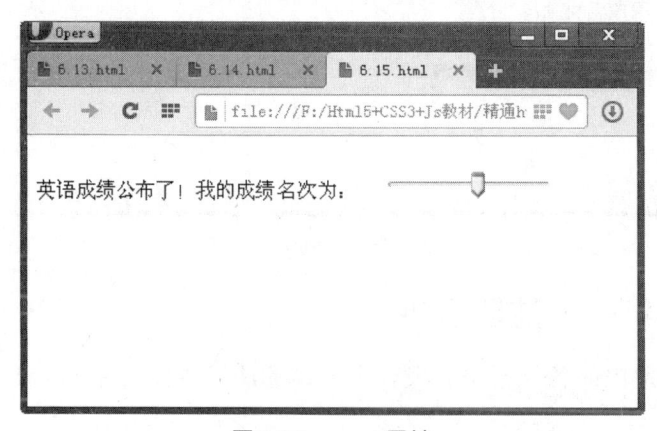

图7.15　range属性

6. required 属性

required 属性是在 input 框中使用的，当输入项为必填时，则会有 HTML5 效果的提示，用法为：

```
required="required"
```

【示例 7.14】required 属性应用实例。

```
<!DOCTYPE html>
html>
<body>
<form>
下面是输入用户登录信息
<br>
用户名称
```

```
<input type="text" name="user" required="required">
<br>
用户密码
<input type="password" name="password" required="required">
<br>
<input type="submit" value="登录">
</form>
</body>
</html>
```

效果如图 7.16 所示。

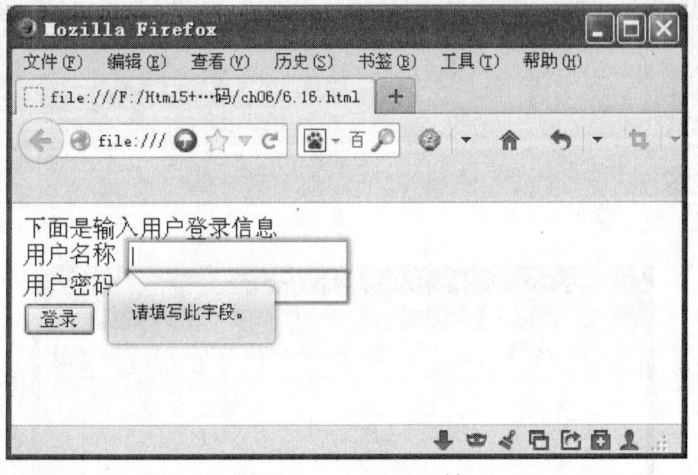

图7.16　required 属性

7.2.3　综合实例——注册表单

本实例使用表单内的各元素来开发一个网站的注册页面，并用 CSS 样式美化这个页面效果。

基本操作步骤如下：

（1）构建 HTML 页面，实现基本表单。

```
<!DOCTYPE html>
<html>
<head>
<title>注册页面</title>
</head>
<body>
<h1 align=center>用户注册</h1>
<form method="post" >
<p>姓    名:
<input type="text" class=txt size="12" maxlength="20" name="username" />
</p><p>性    别:
<input type="radio" value="male" />男
<input type="radio" value="female" />女
```

```html
</p><p>年    龄:
<input type="text" class=txt name="age"  />
</p>
<p>联系电话:
<input type="text" class=txt name="tel" />
</p><p>电子邮件:
<input type="text" class=txt name="email" />
</p><p>联系地址:
<input type="text"  class=txt name="address" />
</p>
<p>
<input type="submit" name="submit" value="提交" class=but />
<input type="reset" name="reset" value="清除" class=but  />
</p>
</form>
</body>
</html>
```

初始效果如图 7.17 所示。

图7.17　初始效果

（2）添加 CSS 代码，修饰全局样式和表单样式。

```css
<style>
*{
   padding:0px;
   margin:0px;
   }
```

HTML5+CSS3+JavaScript网页设计项目教程

```
body{
    font-family:"宋体";
    font-size:12px;
    }
form{
    width:300px;
    margin:0 auto 0 auto;
     font-size:12px;
    color:#999;
}
</style>
```

浏览效果如图 7.18 所示。

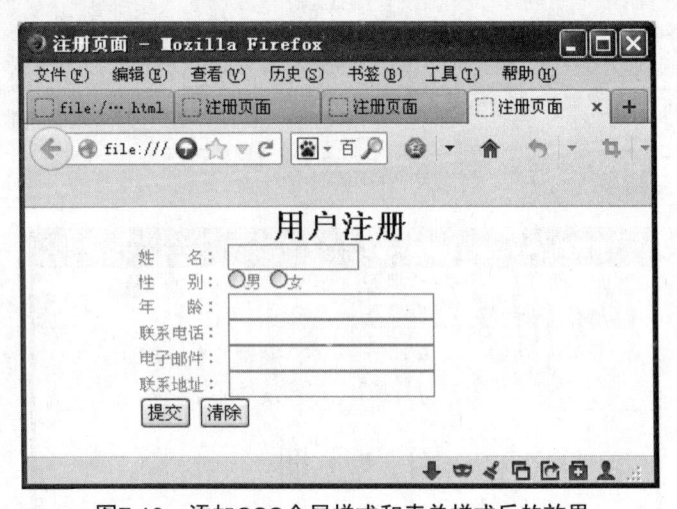

图7.18 添加CSS全局样式和表单样式后的效果

（3）添加 CSS 代码，修饰段落、输入框和按钮。

```
form p {
    margin:5px 0 0 5px;
     text-align:center;
        }
.txt{
    width:200px;
    background-color:#CCCCFF;
    border:#6666FF 1px solid;
    color:#0066FF;
    }
.but{
border:0px#93bee2solid;
border-bottom:#93bee21pxsolid;
border-left:#93bee21pxsolid;
border-right:#93bee21pxsolid;
border-top:#93bee21pxsolid;
background-color:#3399CC;
```

```
font-style:normal;
color:#cad9ea;
}
```

最终效果如图 7.19 所示。

图7.19　注册页面最终效果

7.3　任务实施

7.3.1　制作用户登录表单

（1）准备背景图片素材，如图 7.20 和图 7.21 所示。

图7.20　用户名背景图片name.gif　　　图7.21　密码背景图片code.gif

（2）构建 HTML 用户登录表单页面。

```
<!DOCTYPE HTML>
<html>
<head>
<meta http-equiv="Content-Type" content="text/html; charset=utf-8">
<title>用户登录框</title>
</head>
<body>
<div id="loginBox">
<h1>用户登录</h1>
    <label>用户名：</label>
    <input type="text" class="name"/>
    <label>密码：</label>
    <input type="password" class="code"/>
```

HTML5+CSS3+JavaScript网页设计项目教程

```
<p><a href="#">忘记密码</a></p>
<p><input type="submit" value="登 录" />     
<input type="submit" value="注 册"/></p>
</div>
</body>
</html>
```

（3）添加 CSS 代码，修饰全局样式和表单 div 样式。

```
* { margin:0; padding:0; font-size:12px;line-height:25px;}
#loginBox{ width:200px; margin:50px; border:1px solid #ccc;}
```

（4）添加 CSS 代码，修饰标题、段落和表单样式。

```
h1{   height:35px;   line-height:35px;   background:#e8e8e8;font-
size:14px;border-bottom:1px solid #ccc; text-indent:5px; }
   label{ display:block; text-indent:5px;}
   input.name,input.code{ width:150px; height:25px; border:1px solid #ccc;
margin:0 0 0 10px;padding:0 0 0 20px;}
   input.name{background:url(images/name.gif) no-repeat left center;}
   input.code{background:url(images/code.gif) no-repeat left center;}
   p{ text-align:center;}
   p a{ color:#FF3300;}
```

最终预览效果如图 7.22 所示。

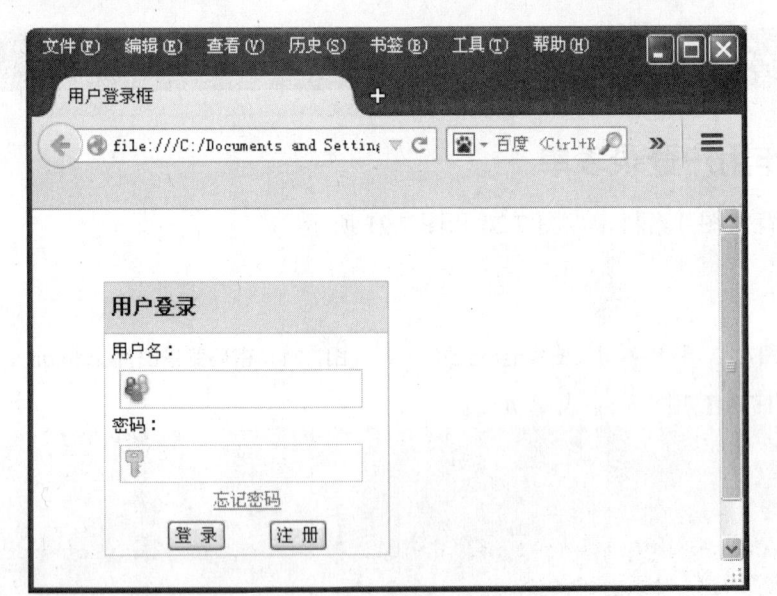

图7.22 用户登录表单

7.3.2 制作用户注册表单

（1）构建 HTML 用户注册表单页面。

```
<!DOCTYPE HTML>
<html>
<head>
```

158

```html
<meta http-equiv="Content-Type" ccntent="text/html; charset=utf-8">
<title>用户注册</title>
</head>
<body>
<fieldset>
<legend>用户注册</legend>
<form name="RegForm" method="post" >
<p>
<label for="username" class="label">用户名:</label>
<input id="username" name="username" type="text" class="input" />
<span>(必填，3-15字符长度，支持汉字、字母、数字及_)</span>
<p/>
<p>
<label for="password" class="label">密 码:</label>
<input id="password" name="password" type="password" class="input" />
<span>(必填，不得少于6位)</span>
<p/>
<p>
<label for="repass" class="label">重复密码:</label>
<input id="repass" name="repass" type="password" class="input" />
<p/>
<p>
<label for="email" class="label">电子邮箱:</label>
<input id="email" name="email" type="text" class="input" />
<span>(必填)</span>
<p/>
<p>
<input type="submit" name="submit" value=" 提交注册  " class="left" />
</p>
</form>
</fieldset>
</body>
</html>
```

（2）添加 CSS 代码，修饰标题、段落和表单样式。

```css
<style type="text/css">
    html{font-size:12px;}
    fieldset{width:520px; margin: 0 auto;}
    legend{font-weight:bold; font-size:14px;}
    label{float:left; width:70px; margin-left:10px;}
    .left{margin-left:80px;}
    .input{width:150px;}
    span{color: #666666;}
</style>
```

最终预览效果如图 7.23 所示。

HTML5+CSS3+JavaScript网页设计项目教程

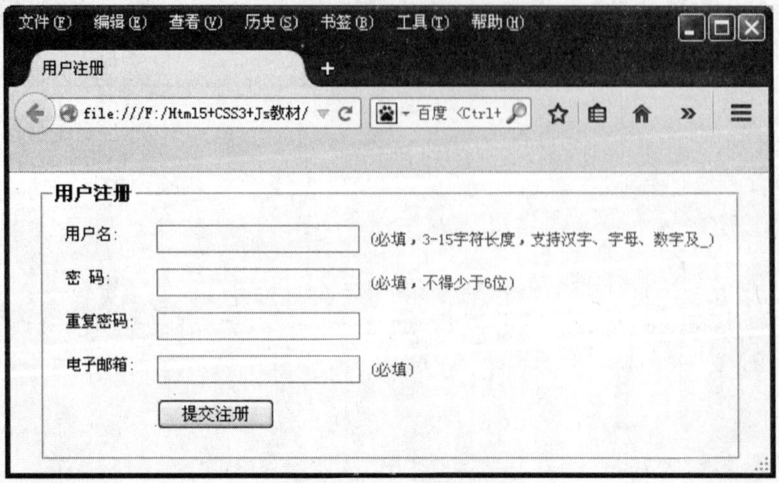

图7.23 用户注册表单

7.4 任务拓展

7.4.1 表单新增属性各浏览器支持情况

如表 7.1 所示为表单新增属性各浏览器支持情况。

表7.1 表单新增属性各浏览器支持情况

Input type	IE	Firefox	Opera	Chrome	Safari
email	No	4.0	9.0	10.0	No
url	No	4.0	9.0	10.0	No
number	No	No	9.0	7.0	No
range	No	No	9.0	4.0	4.0
Date pickers	No	No	9.0	10.0	No
search	No	4.0	11.0	10.0	No
color	No	No	11.0	No	No

7.4.2 HTML5中表单提交的几种验证方法

1. 自动验证

可以通过元素的属性设置进行表单提交的验证。

1）required 属性

required 属性可以应用在大多数输入元素上（除了隐藏元素、图片元素按钮）。提交时，如果元素为空，则在浏览器中显示信息提示文字，提示用户必须输入内容。具体写法如下：

```
<input type="text" name="text" value="" required />
```

2）pattern 属性

开发者可以在此属性中设置正则表达式，提交表单时，会根据 pattern 中的正则表达式进行检验。如果不符合给定的格式时，浏览器中会显示信息提示文字，提示输入的内容必须符合给定格式。

```
<input type="text" name="text" value="" required pattern= "[0-9][A-Z]{3}"
placeholder="请输入一个数字与三个大写字母"/>
```

3）min 与 max 属性

min 与 max 属性是数值类型或日期类型的 input 元素的专用属性，它们限制输入的数值与日期的范围。

4）step 属性

step 属性用于控制 input 元素中值增加或减少时的步幅。当设置 step 值为 5 的时候，必须让用户输入 5 的倍数才能正常提交，否则会提示文字信息。如图 7.24 所示。

```
<input type="number"name="text"value=""required min="0"max="100" step="5"/>
```

图7.24 输错时的提示文字信息

2．显示验证

form 元素与 input 元素（包括 select 和 textarea）都具有一个 checkValidity 方法。调用该方法，可以显式地对表单内所有元素内容或单个元素内容进行有效性验证。checkValidity 方法以 boolean 值的形式返回验证结果。

3．取消验证

有两种方法可以取消表单验证。

第一种方法是利用 form 元素的 novalidate 属性，它可以关闭整个表单验证。

第二种方法是利用 input 元素或 submit 元素的 formnovalidate 属性，此属性可以让表单验证对单个元素失效。

HTML5+CSS3+JavaScript网页设计项目教程

7.5 练习与实训

一、简答题

1. 使用 CSS 修饰表单元素时，采用默认值好还是指定好，为什么？

2. 列举 HTML5 新增的表单属性。

二、上机实训

设计及制作一个发光动画的 HTML5 表单例子。当表单获取焦点时，表单四周就会呈现出发光动画的效果，并不断地进行颜色渐变；当表单失去焦点时，停止发光。其中颜色渐变的动画只有基于 Webkit 的浏览器才有效果，比如 Chrome 和 Safari。

任务 **8**

设计并制作网站Logo及Banner

学习目标

知识目标

- 熟悉Photoshop图片处理技术
- 掌握Flash动画制作技术

技能目标

设计及制作网站 Logo、广告动画

8.1 任务描述

所谓的 Logo 设计就是标志的设计，它在企业传递形象的过程应用最为广泛、出现次数最多，也是一个企业 CIS 战略中最重要的因素，企业将它所有的文化内容，包括产品与服务、整体的实力等，都融合在这个标志里面，通过后期的不断努力与反复策划，使之在大众的心里留下深刻的印象。

Banner 的中文含义是旗帜、横幅、标语，通常被称为网络广告。它作为第四媒体的产物，仍需要在一定程度上遵循媒体的要求，尽管它在互联网上有着非常多的自由和创意空间。对网络广告规格进行规范，会促使网络广告的进一步发展。

本任务要完成"绿骑士"网站 Logo 设计，以及倡导"绿色出行"的 Banner 设计。

8.2 核心知识

8.2.1 标志设计基础

1. 标志的概念

标志是一种图形传播符号，以精练的形象向人们表达一定含义，通过创造典型性的符号特征传达特定的信息，具有强烈的传达功能，在世界范围内，容易被人们理解、接受，并成为国际化的视觉语言。

标志主要包括徽标、商标和公共标识。

1）徽标（企业、社团、事物等标志）

徽标是由徽章演变而来的，用符号图形来象征其使用者的身份标志，如国徽、军徽、团体徽记、纪念性和活动性标徽等，使人们树立某种理念意识，并庄重表示某些行为特征和气势氛围，成为具有特殊内涵的徽标形象，如图8.1和图8.2所示。

设计要求：①象征性；②识别性；③易复制性。

图8.1　中国边检职业徽标

图8.2　八一军徽

2）商标

商标是商品的标记，是品牌形象中的视觉核心，并广泛应用于商业领域，成为具有商用价值的标志，如图8.3和图8.4所示。商标是企业的无形资产，是企业形象、商品质量和信誉的保证，同时又是企业走向市场参与竞争的有力武器，具有商业目的和商业价值功能。

设计要求如下。

（1）传达信息：表现产品内在质量、特点，具有沟通供销之间的媒介，为产品建立信誉创造条件。

（2）独特性：是产生吸引力的主要艺术语言，具有视觉上竞争的表现力，为产品的美化和广告宣传发挥作用。

（3）识别性：独特＋简洁，能强烈从同类产品中区别和易于远距离识别。

（4）易懂、易记、易复制。

图8.3　建行商标

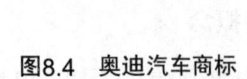

图8.4　奥迪汽车商标

3）公共标识

公共标识是指用于公共场所、交通、建筑、环境中的指示系统符号，它是人类文明与现代化城市建设和发展的象征。其特点是在公共场所运用标志形象，加以规范化表现，让大众识别并起引导作用，从而提高信息服务的功能。

公共标识包括交通标识、部门标识、产品使用标识、质量标识、安全标识、运动标识、操作标识、场所标识、等级标识等，如图8.5和图8.6所示。

设计原则：①易识别；②易理解；③易记忆。

图8.5　公共厕所标识

图8.6　高压电警示标识

2．标志的特性

（1）功用性：不仅美观，还要实用。具有法律效应的标志具有维护自身权益的使命。

（2）识别性：各具面貌易于识别，显示事物自身特征，关系到根本利益，不能雷同。

（3）准确性：无论寓意、象征，含义和表现手法必须准确。

（4）显著性：具有吸引注意力的功能。

（5）艺术性：以小见大，以少胜多，简练、生动，更有代表性。

（6）领导性：标志是企业视觉传达要素的核心，在视觉识别系统（VI）中，标志是必要的设计要素，是 VI 设计系统的灵魂。

（7）系统性：标志确定后，展开系统化作业，包括基本要素组合、辅助色等相应设计，强化企业系统化的精神。

（8）同一性：标志一经确定标准样式不允许任意更改、破坏，会削弱消费者信心，对企业和产品产生负面影响。

（9）多样性：设计题材丰富，如中英文字体、具象图案、抽象符号等，因为形式宽广，标志造型性显得更加生动、多样化。

（10）时代性：标志面临时代意识的要求，有必要改进、更新，避免过时。

（11）延展性：适用于各种传播媒体。

（12）长久性：不同于广告、宣传品，有长期使用价值，不轻易改动。

8.2.2　标志的创意构思

1．构思方向

1）以对象特征的创意设计

在构思中直接、明确地传递信息，抓住对象的第一特征。

【示例8.1】广州市建通管道制品有限公司标志创意详解，如图8.7所示。

图8.7　以对象特征进行创意设计

此款企业 Logo 设计在创意设计方面一目了然，直接采用了管道的截面造型，来表现市政管道制品方面的科技与环保。这款企业标识设计在中国管道制品行业里可谓独领风骚。

2）以对象名称字首为主的创意设计

不论汉字还是外文，取其字首进行创意，独具视觉特征。

【示例8.2】宋河股份标志创意详解，如图8.8所示。

图8.8　取名称字首为主的创意设计

标志以宋河文字为设计元素，进行变形，同时以红色为主色，显得朝气厚重。标志整体外观呈圆形，但同时穿插间隙，从而有虚有实。

3）用对象的全名组合创意

主要是要强化对象和品牌的印象，加深大脑记忆与视觉识别。

【示例8.3】北京泰谱克科技发展有限公司标志创意详解，如图8.9所示。

图8.9　取英文品牌名的创意设计

此款企业 Logo 设计直接以英文品牌名 Topcope 作为构思，来表现品牌面向国际、面向未来的气息。红色部分如科技闪光，画龙点睛，增强了视觉效果。

4）形象化创意设计

主要是从对象特征上找出象征性图形，借助概念化的图形准确表达对象的内涵。

【示例8.4】郑州路桥建设投资集团有限责任公司标志创意详解，如图8.10所示。

图8.10　形象化创意设计

此款 Logo 设计中双红线代表了双向车道，意指道路桥梁；椭圆形代表了交通顺畅，道路无处不在，也隐喻企业生生不息。

5）联想创意

联想创意是一种通过抽象思维，让人们一见到奇妙的图形便很快联想到标志的创意。它用视觉化的语言去体现图形符号，如动感、光感、亲切感等。

【示例8.5】惠州大业湾千帆阁酒店标志创意详解，如图8.11所示。

图8.11　联想创意设计

此款酒店 Logo 设计取自海岛自然环境，创造了非常浪漫、令人向往的度假心情和品牌气息，提升了酒店的顾客体验与价值。

6）从经营的内容上思考创意

可以从经营项目、产品属性等来概括图形符号，使标志切入主题、形象生动。

【示例8.6】温州市文乐图书有限公司标志创意详解，如图8.12所示。

图8.12　从经营的内容上思考创意

此款 Logo 设计以多个张开的书本为视觉设计元素并组合，形如知识阶梯。创意独到，领先世界。作品发布后好评如潮，温州媒体也作了新闻采访。

7）从企业精神、文化理念上创意设计

从企业的精神和文化理念入手，概括、提炼出标志设计，更突出了企业的内在精神。

【示例 8.7】宜春汽运标志创意详解，如图 8.13 所示。

图8.13　标志创意：团结奋进 开拓发展

主体图案外形呈回旋互动状，体现江西宜春汽车运输股份有限公司充满凝聚力和全体员工围绕一个核心紧紧拧在一起，团结拼搏、爱岗奉献的敬业精神。标志中央部分由"宜运"汉语拼音的第一个英文字母"Y、Y"组成，突出图案的主题和对象字母呈叠状流畅态势，增强趋势感和动感。

8）从历史典故和地域特征上创意设计

涵盖了特定历史条件下所产生的人与事，创造出极富个性和人文思想的形象设计。

【示例 8.8】深圳市龙瑞达实业有限公司标志创意详解，如图 8.14 所示。

图8.14　从历史文化特征上创意设计

此款 Logo 设计除了以 L 作为设计构思外，更着重表现品牌名"龙瑞达"的"中国龙，吉祥，达至成功"内涵。本款标志一笔连贯，带出了吉祥和神韵。

9）社会特性的图形创意

不同的背景会产生不同的图形，如国家形象、民族形象、传统形象、象征图形等都带有一定的社会特性。

【示例8.9】蛇口黑骏马爱尔兰酒吧标志创意详解，如图8.15所示。

图8.15　社会特性的图形创意

此款 Logo 设计以黑骏马休闲踏步的造型来表现人们在酒吧放松的心情。标志采用了爱尔兰国旗绿色，整体上充满了浓郁的异域风情。

2．构思源点

1）构思源点的水平发展

为便于比较，先设定 5 个以上的源点，以水平方向展开构思，可获得不同的表现方法和形式。

2）构思源点的纵向发展

纵向展开可派生出不同形式和特点的草图。如果每个源点派生出 5 个具体方案的草图，那总量就不少于 30 个创意方案。

3）展开单向的创意模式

可以产生出相当数量的同类型方案。构思方向开始不受限制，沿着系统化模式去理顺构思，便会得到很多的启示，产生很多方案。

4）综合方案创意

综合比较，寻找出相对理想的系统，整体综合考虑，产生优化后的标志设计，可供用户选择。

3．创意思路

1）方案选择的目的性

有意识地训练设计专业感觉，从经验和判断中给用户成熟和适当的选择。

2）抽象和具象的表达

在标志设计创意上有意识模糊抽象和具象的界限，让其相互渗透、相互交融，获得更理想化、典型化的标志图形，将抽象和具象的图形优势充分组合，使图形充满魅力和生命力。

3）象征性设计创意

将人们熟知和喜爱的事物冠以美好的寓意和特定的象征，达到心灵与图形沟通的视觉效果。

4）形象的寓意

一靠本义传达，二靠内涵的引申。

5）形象的选择性

准确表达意念，选择时要有敏锐的观察力，从整体思考，突破常人形象思维和常见印象模式，发掘形象的内在特征，使其具有深刻的寓意。

6）形象的典型化

认识、观察、抓住特点，权衡、选择、提炼。

7）联想的技巧

创造有意味的图形让人们思考，例如，因果联想、推理联想、印象联想、反向联想、要素联想、类似联想、差异联想等。

8）设计语言

设计语言的表达形式和概念表达富于鲜明而简洁的意念图式，在视觉形象中去获得符号的感受。

9）蒙太奇表现手法

经过剪接，两个互不关联的事物形成一种内在联系，产生新的含义。

10）符号的个性化

不同国家、地域、民族的图形符号各不相同，随着文化发展而延续，标志在表达上非常有个性。

8.2.3 标志设计的基本原则

在标志设计中应该遵循如下基本原则。

1．独特性

独特性是标志设计的最基本要求。标志的形式法则和特殊性就是要具备各自独特的个性，不允许有丝毫的雷同，这使标志的设计必须做到独特别致、简明突出，追求创造与众不同的视觉感受，给人留下深刻的印象。因此，标志设计最基本的要求就是要能区别于现有的标志，应尽量避免与各种各样已经注册、已经使用的现有标志在名称和图形上相雷同。只有富于创造性、具备自身特色的标志，才有生命力。个性特色越鲜明的标志，视觉表现的感染力就越强。

【示例8.10】福建四方水电投资集团有限公司标志详解，如图8.16所示。

图8.16　福建四方水电投资集团有限公司标志

此款Logo设计以简约设计手法，以两个四方形交错形成隐性正方形，表达四方语义。红色部分斜向上，代表了投资发展理念，并形成强烈的视觉冲击力。

2．注目性

注目性是标志所应达到的视觉效果。优秀的标志应该吸引人，给人以较强烈的视觉冲击力。因为只有引起人的注意，才能使标志所要传达的信息对人产生影响力。在标志设计中，注重对比、强调视觉形象的鲜明与生动，是产生注目性的重要形式要素。特别是公共性标志设计，不仅要求在常规环境中具有较强的视觉冲击力，而且还要求能在各种不同的环境条件下都能保持较强的视觉冲击力。商标设计也要求在各种不同的应用中都能保持良好的商标视觉形象，使商标无论是在商品的包装上，还是在各类媒体的宣传中，均可起到突出品牌的积极作用。

【示例8.11】Onwine标志详解，如图8.17所示。

图8.17　Onwine Logo

此款Logo以完美的字体搭配独到的理念，为我们展现出一个酿酒商的特质，无论是图案还是字体设计都无可挑剔。

3．信息性

标志的信息传递有多种内容和形式。其内容信息有精神的，也有物质的；有实的，也有虚的；有企业的，也有产品的；有原料的，也有工艺的。其信息成分有单纯的，也有复杂的。标志信息传递的形式，有图形的，有文字的，也有图形和文字结合的；有直接传递的，也有间接传递的。人对信息的感知，有具象的，也有抽象的；有明确的，也有含蓄的。一般而言，标志信息的处理与调节应尽量追求以简练的造型语言，表达出既内涵丰富，又有明确侧重，并且容易被观者理解的兼容性信息为最佳。优秀的标志都具有形象简洁、个性突出、信息兼容的知觉特点。

【示例 8.12】深圳市兴沃实业有限公司标志详解，如图 8.18 所示。

图8.18　深圳市兴沃实业有限公司标志

此款产品商标设计根据金刚石钻头向下钻井的业务特点，作了形象化的高度概括，亦令此款标识设计在同行业标识中形象非常直观和鲜明。

4．文化性

文化性是标志本身的固有属性。标志中的文化性是通过标志显现民族传统、时代特色、社会风尚、企业或团体理念等精神信息。在具体的标志形象中所显现出的这些文化属性，又是标志设计者自觉或不自觉地以自己对事物的理解和构思，自然而然地融合于标志的内容与形式之中的。因此，也可以将标志中的文化性看作具体标志的设计风格或设计品位的特征。文化性强、设计品位高的标志，其必然是联想丰富、耐人寻味的不同凡响之作。

【示例 8.13】浙江九澜景观工程有限公司标志详解，如图 8.19 所示。

图8.19　浙江九澜景观工程有限公司标志

此款 Logo 设计以品牌名"九澜"作为标识设计立意，以数字 9 展开，形成涌起的波澜，一浪高过一浪，后浪推前浪，来表现未来浙江九澜集团不断超越的企业理念。

5．艺术性

艺术性是标志设计给人是否有美的享受的关键。标志的艺术性是通过巧妙的构思和技法，将标志的寓意与优美的形式有机结合时体现出来的。艺术性强的标志具有定位准确、构思不落俗套、造型新颖大方、节奏清晰明快、统一中有变化、富有装饰性等特点。在具体的标志设计时，除了要求必须具有强烈的个性特征以外，对于标志的其他要求则应依据现有同类标志的现状为背景，以具体标志所要传达的主要信息为侧重，进行灵活调节，不必苛求对各项具体要求面面俱到。总之，凡是标志设计中的佳作，必然具有内容与形式相统一、个性突出、形象鲜明、注目性强、便于识别和记忆、给人以美的享受等标志设计要求的基本特征。

【示例8.14】One Leaf标志详解，如图8.20所示。

图8.20　One Leaf Logo

One Leaf，顾名思义，即一片树叶。以此为轴线，就呈现出了如此简洁、巧妙的画面。

6．时代性

时代性是标志在企业形象树立中的核心。商标既是产品质量的保证，又是识别商品的依据。商标代表一种信誉，这种信誉是企业几年、几十年，甚至是上百年才培植出来的。经济的繁荣、竞争的加剧、生活方式的改变、流行时尚的趋势导向等，要求商标必须适应时代。如何改革商标，一种方式是抛弃旧商标，重新设计，以全新的面貌出现。这种重新设计，在经济上可能要付出较大的代价，通过广告媒介反复宣传，才能重新树立形象。另一种方式是对老牌并享有信誉的商标，在原商标的基础上通过一个长期的策略，用渐变的手法，随着时间的推移，逐步改造和完善，既具有连续性，易于识别，又富于时代感，让人在不知不觉中接受新商标。这一演进的规律，是由具象到抽象、由复杂到简洁，使其具备现代化、国际化的特征。

【示例8.15】世界和平基金亚洲金融集团标志详解，如图8.21所示。

图8.21　世界和平基金亚洲金融集团

此款企业商标设计采用正方体造型，如容器，指吸纳资金；又形如 3 个箭头向外，意指对外投资，中央红心代表了企业投资与发展理念。独特的构思，令此款 Logo 设计充满了国际化品牌气息。

8.2.4　Banner设计方法与步骤

Banner 设计不比大型项目，从设计成本上来讲不可能给太多的时间给设计师，所以这也引发了我们对如何更有效率地完成一个 Banner 的思考。笔者认为构成 Banner 的重点主要有 3 个方面，即风格、排版和配色。本人习惯是先定风格，再做大致的排版和配色，然后根据整体再来调整，最后优化细节。

1．风格

一般情况下风格在跟需求方沟通的时候就已经定好了大概的方向，同时设计师应向需求方要一些参考，进一步确认风格。还有一种情况是需求方没有任何的要求，就说让设计师自己把握就好，这时可找一些自己认为比较合适的参考让需求方来选择，然后根据他的选择再确认风格。

下面按照风格风向标来举一些例子。

（1）时尚风（见图 8.22）。

图8.22　时尚风示例

可以看到上面这两个 Banner 都有共同的特点：大标题、模特，报刊潮流杂志风。

（2）复古风（见图 8.23）。

图8.23　复古风示例

复古风的重点是传统元素和复古图案，像第一个用了书法字体与水墨感觉的图案，第二个则是包含了传统的剪纸元素。

（3）清新风（见图8.24）。

图8.24　清新风示例

清新风的重点就是清爽、唯美，轻盈色调与自然系，比如上面这个Banner就让人感觉十分的清丽和透亮。

（4）炫酷风（见图8.25）。

图8.25　炫酷风示例

这种风格通常比较多的是深色背景，有一些比较质感的元素与光影特效。

2．排版

所谓排版，即将文字、图片、图形等可视化信息元素在版面布局上调整位置、大小，使版面达到美观的视觉效果。

Banner的设计中排版原则有以下几点：

（1）对齐原则。相关的内容要对齐，方便用户视线快速移动，一眼看到最重要的信息。

（2）聚拢原则。将内容分成几个区域，相关内容都聚在一个区域中。

（3）留白原则。千万不要把Banner排得密密麻麻，要留出一定的空间，这样既减少了Banner的压迫感，又可以引导读者视线，突出重点内容。

（4）降噪原则。颜色过多、字体过多、图形过繁，都是分散读者注意力的"噪声"。

（5）重复原则。排版时，要注意整个设计的一致性和连贯性，避免出现不同类型的视觉元素。

（6）对比原则。加大不同元素的视觉差异，这样既增加了 Banner 的活泼，又突出了视觉重点，方便用户一眼浏览到重要的信息。

常规的排版版式有以下 6 类。

（1）两栏式：左文右图或左图右文（见图 8.26）。

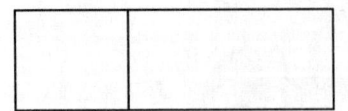   

图8.26　两栏式

（2）三栏式：中间文字两边图（见图 8.27）。

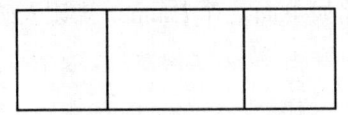  

图8.27　三栏式

（3）上下式：上面文字下面图（见图 8.28）。

图8.28　上下式

（4）组合式 1：模特＋文字＋图（见图 8.29）。

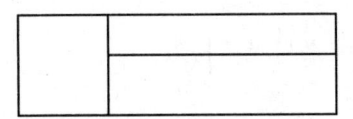  

图8.29　组合式1

（5）组合式 2：两边模特＋文字＋图（见图 8.30）。

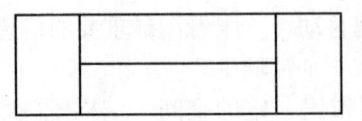 

图8.30　组合式2

（6）组合式 3：纯文字＋背景（见图 8.31）。

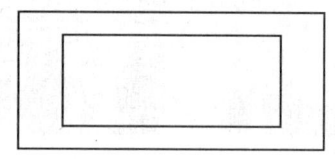

图8.31　组合式3

3．配色

色彩是由色相、明度和纯度构成的。色相即颜色的相貌,用于区分各类颜色,如红色、黄色、绿色、蓝色等；明度即颜色的明暗和深浅,或者说颜色含量里白色的多少；纯度即色彩的饱和鲜艳程度。每种色彩都会因为色相、明度、纯度的不同,表现出不同的色彩感。色彩是有情感的,不同的配色会带给人完全不同的心里感受。所以在设计 Banner 的时候,就要考虑要表达什么样的情感,想让用户看的时候有什么样的感受,所表达的情感是不是符合主题内容,基于这些出发点再来做 Banner 的配色就更有目的性了。

【示例 8.16】女鞋 Banner 设计,如图 8.32 和图 8.33 所示。

图8.32　一个有关女鞋的Banner设计　　　　图8.33　上述Banner的配色

这种色彩组合表现出一种安静、自然、休闲的感觉。

8.2.5　Banner优秀案例欣赏

【示例 8.17】女性频道,如图 8.34 所示。

图8.34　女性频道

女人频道的定位是知性,所以这个 Banner 设计风格也是很贴切的。

HTML5+CSS3+JavaScript网页设计项目教程

【示例 8.18】历史频道，如图 8.35 所示。

图8.35　历史频道

历史频道的专题，做出厚重沧桑的历史感还是很切题的。

【示例 8.19】怀旧频道，如图 8.36 所示。

图8.36　怀旧频道

女人频道下的一个怀旧感的专题，所以画面做出了一些怀旧的感觉。

【示例 8.20】严肃话题频道，如图 8.37 所示。

图8.37　严肃话题频道

做新闻报道的时候，遇到严肃话题，一般的设计师都会比较拘谨，不敢也不愿去做视觉上的创新。所以遇到这种话题，画面效果一般都会比较模式化，信息量弱，感染力不足。这时候，设计师如果敢解放思想，去动脑做一些创新，也能够达到意想不到的效果。上述 Banner 主题文字埋没在洪流之中，让其有一种融入感。洪流、闪电、阴暗的天空、淹没的城市，画面灾难感很强，角落处的武警官兵抗洪，让整体灾难中透出希望，哀而不伤。

【示例 8.21】夏季高温频道，如图 8.38 所示。

图8.38　夏季高温频道

178

此 Banner 在处理画面的色彩时对比度做得比较弱，就如同烈日下看东西的感觉。

【示例 8.22】轻松娱乐感频道，如图 8.39 所示。

图8.39 轻松娱乐感频道

此 Banner 做得很轻松、很幽默。

8.2.6 综合案例——广州亚运会文化、环境、志愿者标志创意阐释

1. 文化活动标志（见图 8.40）

图8.40 文化活动标志

粤剧是岭南特有的传统戏曲剧种。广州亚运会文化活动标志的原型取自粤剧脸谱。标志传神地演绎了花旦唱念间的飞扬神采和眼神回转的动人瞬间，具有浓厚的岭南韵味和鲜明的艺术特色。标志设计象征着广州亚运会将以开放的姿态欢迎远道而来的四方宾客，表达了广州亚运会不仅成为亚洲多元文化交流的盛会，也将为国内外来宾展示独特精彩的岭南文化活动。

2. 环境标志（见图 8.41）

图8.41 环境标志

广州亚运会环境标志创意源自：运动，让人类健康成长、更加强壮；环保，让地球持续发展、生生不息的理念。标志形似灿烂的笑脸，以微笑连接人与自然的情感。弧状的外形是地球的象征。笑脸、绿叶、地球融合在一起，表达了一个勃勃生机、欢乐和谐的世界，传达了广州亚运会倡导绿色环保的办会理念。

3. 志愿者标志（见图 8.42）

图8.42　志愿者标志

　　"一起来，更精彩！"，这一口号是对所有希望参与亚运、服务亚运的志愿者的号召。广州亚运会志愿者标志是志愿者口号的形象展现。标志将乐于奉献的"爱"与不畏艰苦的"行动"结为一体，强调"有心，更有行动"；标志设计把"心、脚"进行了融合。红色的心，是志愿者纯朴的微笑与真诚的服务的象征。而心灵下方的那一双的脚，则代表了切实的行动。志愿者标志唤起了人们的心灵共鸣，代表着志愿者出色的服务、友善的行动，富有强烈的感染力，号召大家一起来，举办一场更精彩的亚运会。

8.3　任务实施

8.3.1　网站Logo设计

1. 网站 Logo 创意设计思路

　　"绿骑士"网站是一个骑行旅行类的兴趣社交网站，主要面向所有的骑行爱好者。所以设计 Logo 时，最好能展现骑行者一种运动、阳光、有朝气、有活力的骑行风采。

2. 网站 Logo 创意分析

　　本网站最终 Logo 设计如图 8.43 所示。

图8.43　网站Logo

　　此 Logo 是根据骑行者骑行时的身姿来设计的，非常具有运动感，活力四射。加上本网站是一个提倡"绿色出行"的宣传平台，所以颜色以绿色为主。另外，此 Logo 将网站名和域名也做进去了，相得益彰，增加宣传效果。

8.3.2　网站Banner设计

1．网站 Banner 创意设计思路

"绿骑士"网站既是一个骑行旅行类的兴趣社交网站，又是一个提倡"绿色出行"的宣传平台。主题思想是提高大家低碳意识、树立低碳理念、倡导低碳生活，宣传健康、环保的出行方式，让我们的生活多一些绿色、多一点文明、多一份健康。

2．网站 Banner 创意分析

本网站最终 Banner 设计如图 8.44 所示。

图8.44　网站Banner

此 Banner 是用 Flash 动画设计的，希望广大民众从自身做起，加入到"绿色出行"行列，做个绿色达人。

8.4　任务拓展

8.4.1　标志与图案的区别

标志与图案同属于图形范畴，造型要素、表现方法与形式一样，但这是两种性质不同的图形。

1．功能与目的

标志：传达信息的功能，代表某一商品、集团、事物，表现它们的特征、主张、精神、意义等。所以标志首先是信息符号。

图案：只具有使用性和观赏性，以给人获得美好感受为目的。

2．美的要素所处的位置

标志：功能是第一位的，美处于从属地位，美的因素在标志设计中是手段而不是目的，且必须具有独特性。

图案：美观是第一位的，不追求美就失去存在意义，存在价值就是使人获得美的享受。

3．目标性与实效性

标志：具有十分明确的市场目标和宣传目标，所以时效性长短不一，例如活动当天使用后，就失去实际有效性。

图案：有明确市场目标，但无宣传目标。有极强的时效性，与人们日常生活密切相关。

审美习惯改变，图案设计也随之变化。

4．内容的规定性

标志：内容有严格的规定。
图案：内容无严格规定。因此创作可简可繁，意义可有可无。

5．存在的地位

标志：独立存在，以独立的基本型表现主题，突出中心。
图案：处于从属地位，必须依赖于某种物质生产形式而显示其艺术价值。

6．表现的自由性

标志：要表达一定内容主题、精神、思想。清晰便于识别、适宜理解、记忆；容易复制；适用于所需的各种媒体，遵从民族信仰、风俗习惯。
图案：除受使用功能、生产工艺、民族信仰、风俗习惯等限制外，手法极其自由。

7．情感上

标志：注重理性，理性第一、感性第二。
图案：注重感性，感性第一、理性第二。
总之，标志更具有特殊性和典型性，图案更具有普遍性和适用性。

8.4.2　几种Logo设计技巧

1．让 0 生辉

巧妙利用英文字母 o 或数字 0，马上就可让死板的文字活跃生辉（见图 8.45）。

图8.45 让0生辉示例

2．线条平分

在字母上加上一条或数条平分字母的水平线，整个标志会有一种横向运动的感觉（见图 8.46）。

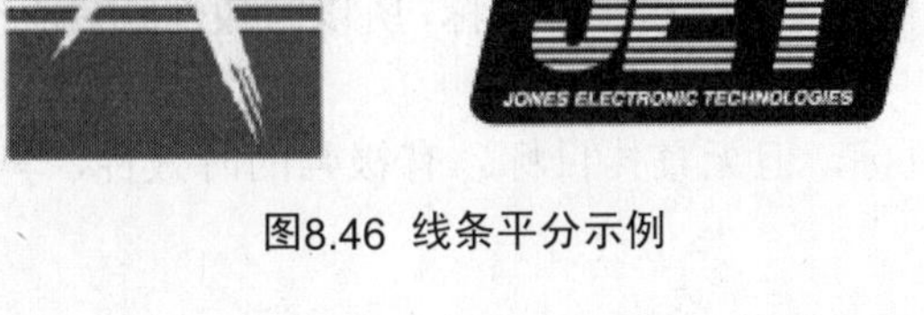

图8.46 线条平分示例

3．巧用 L

L 是个很飘逸的字符，设计时可以选一种流线很美的字体直接组成标志（见图 8.47）。

图8.47　巧用L示例

4．修长身材

如果一行字过于扁平，可将字的竖笔画往上或往下延伸，显得高雅又富有层次感。注意：如果处理后显得太飘，可在下方加一些修饰（见图 8.48）。

图8.48　修长身材示例

5．边旁改动

把字符某个边旁做线条处理或换成另一种颜色，就是一个很好看的标志（见图 8.49）。

图8.49　边旁改动示例

8.5　练习与实训

1.请为"中国绿色能源协会"设计一套标志方案，并说明你的设计意图。

设计要求：

（1）标志尺寸：8cm×8cm。

（2）标志设计要求简洁易识、内涵明确、新颖美观。

（3）写出相关的设计说明。

2.利用蝴蝶图形设计一个服装品牌商标。

设计要求：

（1）图形为蝴蝶变形，具有审美价值。

（2）标志设计有独创性，新颖独特。

（3）形式与主题统一。

（4）标志图形各部位完整、统一。

（5）标志造型精练、简洁。

（6）标志的大小为 10×10（厘米）左右。

（7）附设计说明文字。

（8）标志配色限 3 套或 3 套以内。

3.设计学校网站中间广告，主要用于学校宣传。

设计要求：

（1）设计要求主题突出、寓意深刻。

（2）表现要求简约大气、突显雍容华贵。

（3）作品风格、形式不限，但必须原创。

（4）必须是彩色原稿，能以不同的比例尺寸清晰显示。

任务 9

实现主页新闻图片轮显及翻滚特效

学习目标

知识目标
- 掌握JavaScript语法基础
- 掌握JavaScript操纵文档对象

技能目标
- 利用HTML5、CSS3、JavaScript制作网页特效
- 利用HTML5、CSS3、JavaScript实现主页新闻图片轮显

9.1 任务描述

目前，我们一旦谈论到网页编程，就离不开 HTML、CSS 与 JavaScript 这 3 种技术。由 HTML 负责描述页面数据和信息，CSS 负责控制外观，JavaScript 则用于响应用户的操作，为网页添加动态的功能。

丰富多彩的网页特效活跃了网页的气氛，为网页增加了很不错的效果，起到一定的亲切力。本网站热点"新闻图片"模块就采用了图片轮显特效，如图 9.1 所示；"图片资讯"模块采用了图片向左翻滚特效，如图 9.2 所示。本任务就是利用 JavaScript 结合 CSS 来实现这几个特效。

美国大使骆家辉试骑自行车

图9.1 图片轮显特效

图9.2　图片向左翻滚特效

9.2　核心知识

9.2.1　JavaScript语言特点

1．JavaScript 是脚本语言

传统语言的编写执行顺序为"编写"→"编译"→"链接"→"执行"，因为 JavaScript 在设计时期希望非专业编程人员也能进行 JavaScript 开发，故采用脚本语言的设计方式来缩短这一过程。

脚本语言（Script Language）通常不是编译执行而是解释执行，虽然运行效率比不上编译执行的语言，但是开发过程更加简便。

不同的浏览器采用不同的 JavaScript 引擎来解释执行 JavaScript，下面列出了一些主要的 JavaScript 引擎。

- Mozilla的JaegerMonkey引擎：德文Jäger原意为猎人，结合追踪和组合码技术大幅提高效能，用于Mozilla Firefox 4.0以上版本。
- Google的V8引擎：开放源代码，由Google丹麦开发，是Google Chrome的一部分。
- 微软的Chakra引擎：中文译名为查克拉，用于Internet Explorer 9。
- Opera的Carakan引擎：由Opera软件公司编写，自Opera 10.50版本开始使用。

2．JavaScript 是弱类型语言

这一点是 JavaScript 中非常特殊的一点，JavaScript 中的弱类型体现在变量定义时无须指定类型，解释器会根据为变量所赋的值自动判断变量的类型，并且变量在其生命周期中，类型是可以改变的。

> **注 意**
>
> 弱类型并非没有类型，实际上JavaScript中有一套内置的变量类型，但只能通过解释器自动使用，而不能手工指定。

弱类型语言使代码开发得到了简化，但对于习惯使用"强类型"语言的开发者来说，需要一段时间适应这种编程风格。

3．JavaScript 的安全性

因为 JavaScript 代码会随着 HTML 页面下载到客户的计算机中通过浏览器执行，故保证 JavaScript 不会对客户端造成任何破坏或盗取客户隐私是非常重要的。

首先 JavaScript 通过限制代码的功能达到其安全性，JavaScript 语言本身不具备访问客户端的硬盘、打印机、网络等设备的能力；其次 JavaScript 采用沙箱（Sandbox）模型保证无论代码执行了何种操作，都不会对服务器和客户端造成永久性的影响。

4．JavaScript 的引入

JavaScript 可以通过 <script> 标记嵌入在 HTML 页面中，也可以保存为扩展名为 .js 的文件后通过 <script> 标记引入到网页中。

【示例 9.1】JavaScript 引入实例。

```
<!DOCTYPE HTML>
<html>
<head>
<meta http-equiv="Content-Type" content="text/html, charset=utf-8">
<script type="text/javascript">
    //JavaScript代码
</script>
<!--src属性为JS文件的位置 -->
<script type="text/javascript" src="js文件"></script>
</head>
<body>
</body>
</html>
```

9.2.2 JavaScript中的变量

1．变量的定义

虽然 JavaScript 支持变量未经定义直接使用，但推荐进行变量定义，否则变量的生命周期难以确定。

在定义变量时，因为 JavaScript 是弱类型语言，所以不需要指定变量类型，只需要指定变量名称即可，也可以为变量赋初始值。定义变量时可以使用 var 关键字。

> **注 意**
>
> 因为JavaScript代码总是在同一网页内有效，并不能跨网页运行，所以也不需要定义类似于Java语言中的访问修饰符（如public、private等）。

JavaScript 变量的命名规则与 Java 相似，只能包含数字、字母、下画线和 $ 符号，大小写敏感，不可以使用 JavaScript 的关键字和保留字。

HTML5+CSS3+JavaScript网页设计项目教程

【示例 9.2】变量的定义。

```
<!DOCTYPE HTML>
<html>
<head>
<meta http-equiv="Content-Type" content="text/html; charset=utf-8">
<script type="text/javascript">
   var a;           //定义变量
   var b = 3;      //定义变量并赋初始值
   var c = 'String', d = "String";   //定义多个变量
</script>
</head>
<body>
</body>
</html>
```

2. 变量的类型

虽然不能在定义变量时指定变量类型，但是 JavaScript 会根据变量的值自动决定类型，JavaScript 中常见的内置变量类型如下。

- 数字型：可以存储小数或整数。
- 布尔型：可以存储true或false。
- 字符串：属于引用类型，可以存储字符串。
- 数组：属于引用类型，存储多项数据。

如果要将字符串转换为数字类型，可以使用 parseInt 或 parseFloat 方法；如果无法转换为数字，则 JavaScript 会返回特殊值"NaN（Not a Number）"。

【示例 9.3】将字符串转换为数字类型。

```
<!DOCTYPE HTML>
<html>
<head>
<meta http-equiv="Content-Type" content="text/html; charset=utf-8">
<script type="text/javascript">
   var a = 3;
   var b = "3";
   var c = a + b;                    //结果是33
   var d = a + parseInt(b);          //结果是6
   var e = a + (b - 0);              //结果是6
   var f = parseInt('a');            //结果是NaN
</script>
</head>
<body>
</body>
</html>
```

3. 注释与特殊符号

JavaScript 语言中的注释与 Java 语言中的注释规则相同，支持单行注释（//）与多行注释（/*…*/），注意不能在 JavaScript 内部使用 HTML 语言中的"<!-- -->"注释。在 JavaScript 中，字符串可以使用双引号或单引号引起来，在不引起冲突的情况下可以混用，也可以使用反斜杠进行转义。

【示例 9.4】注释与特殊符号应用实例。

```
<!DOCTYPE HTML>
<html>
<head>
<meta http-equiv="Content-Type" content="text/html; charset=utf-8">
<script type="text/javascript">
    //a的值为It's mine.
    var a = "It's mine.";
    //b的值为he say : "good".
    var b = 'he say : "good".';
    //c的值he say : "It's good".
    var c = 'he say : "It\'s good".';
</script>
</head>
<body>
</body>
</html>
```

4. 运算符

JavaScript 运算符和表达式基本与 Java 语言中相同，常用的运算符如表 9.1 所示（优先级自上而下）。

表9.1　常用的运算符

运算符	使用格式	描　　述
括号	(x)、[x]	中括号表示数组的下标
逻辑反	!x	返回与x（布尔值）相反的布尔值
自加/自减	x++、x--	x自加、自减1，与Java相同，运算后++或--
	++x、--x	x自加、自减1，与Java相同，运算前++或--
算术运算符	x*y、x/y、x%y	乘、除、取模
	x+y、x-y	加、减
比较运算符	x<y、x<=y、 x>y、x>=y、 x==y、x!=y x===y	x与y进行对比，并返回true或false 其中3个等号（===）表示同时比较值和类型
逻辑运算符	x&&y	x和y同为true，则返回true，否则返回false
	x||y	x和y任一为true，则返回true，否则返回false

HTML5+CSS3+JavaScript网页设计项目教程

续表

运算符	使用格式	描　述
条件运算符	z?x:y	表达式z为true，返回x，否则返回y
赋值运算符	x=y	把y赋值给x
符合运算符	x+=y x-=y x*=y x/=y x%=y	x加、减、乘、除、模y，结果赋值给x

9.2.3　JavaScript中的流程控制语句

JavaScript 语言中的流程控制语句与 Java 语言中几乎完全一致，分支流程可以使用 if else 结构或 switch 结构，循环流程可以使用 for 或 while 循环，具体语法如下。

1．if 语句的语法结构

if 语句的语法结构如下：

```
if (条件表达式A) {
//条件表达式A为true，所执行的代码块
} else if(条件表达式)B {
    //条件表达式B为true，所执行的代码块
} else {
    // 条件表达式A和条件表达式B都为false，所执行的代码块
}
```

2．switch 语句的语法结构

switch 语句的语法结构如下：

```
switch (表达式) {
    case 值1 :
        //表达式与值1匹配时，所执行的代码块
            break;
    case 值2 :
        //表达式与值2匹配时，所执行的代码块
            break;
    default :
        //所有case值都与表达式不匹配时，所执行的代码块
}
```

3．for 语句的语法结构

for 语句的语法结构如下：

```
for (初始化语句；循环判断条件；循环执行语句) {
    //循环体
}
```

4. while 语句的语法结构

while 语句的语法结构如下：

```
while (循环判断条件) {
//循环体
}
```

5. do…while 语句的语法结构

do…while 语句的语法结构如下：

```
do {
//循环体
} while (循环判断条件);
```

6. 综合演示

下例综合使用各种流程结构，通过 JavaScript 动态地在页面中生成一个隔行换色的 HTML 表格，其中用到了 document.write() 方法，该方法用于向 IITML 页面中输出内容。

【示例 9.5】各种流程结构综合应用实例。

```
<!DOCTYPE HTML>
<html>
<head>
<meta http-equiv="Content-Type" content="text/html; charset=utf-8">
<script type="text/javascript">
    //rows为表格的行数，cols为表格的列数
    var rows = 6;
    var cols = 0;
    document.write('<table width="100%" border="1">');
    document.write('<caption>动态生成表格</caption>');
    document.write('<tbody>');
    for (var row = 0; row < rows; row++) {
        if (row % 2 == 0) {
                document.write('<tr bgcolor="#cccccc">');
        } else {
                document.write('<tr>');}
        for (var col = 0; col < cols; col++) {
                document.write('<td>' + col + '</td>');
            }
        document.write('</tr>');
    }
    document.write('</tbody>');
    document.write('</table>');
</script>
</head>
<body>
</body>
</html>
```

执行代码，结果如图 9.3 所示。

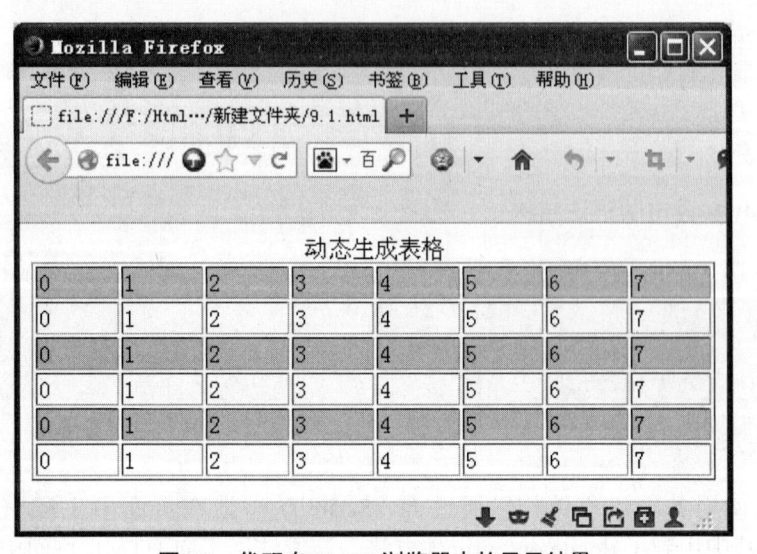

图9.3　代码在Firefox浏览器中的显示结果

请注意，本例 document.write() 方法是动态地生成 HTML 代码并输出到页面中，并没有改变 HTML 源文件，只改变了浏览器内存中的 DOM 结构。

9.2.4　JavaScript中的方法

1．JavaScript 中的常用方法

JavaScript 中提供了很多常用的方法，如示例 9.5 中用到的 document.write 方法。现介绍 3 个用于与用户交互的方法，如表 9.2 所示。

表9.2　3个用于与用户交互的方法

方法名	作　用	参数与返回值
alert	显示消息对话框	接收两个字符串参数，用于显示消息，无返回值
confirm	显示确认对话框	接收两个字符串参数，用于显示提示消息，返回boolean类型的值，代表用户的选择
prompt	显示输入对话框	接收两个字符串参数，第一个用于显示提示消息，第二个用于设置默认值（可省略），返回用户的输入（如用户取消输入则返回null）

请注意这 3 个方法显示的对话框都是模态对话框，即会停止当前脚本的运行直到用户关闭对话框为止。

【示例 9.6】与用户交互的方法综合应用实例。

```
<!DOCTYPE HTML>
<html>
<head>
<meta http-equiv="Content-Type" content="text/html; charset=utf-8">
<script type="text/javascript">
    alert("现在演示alert、confirm与prompt方法");
    var name = prompt("请输入您的姓名", "匿名");
```

```javascript
        var flag = confirm("请确认您的姓名：" + name);
        if (flag) {
            alert('确认无误！');
        } else {
            alert('确认失败');
        }
</script>
</head>
<body>
</body>
</html>
```

执行代码，结果如图 9.4 所示。

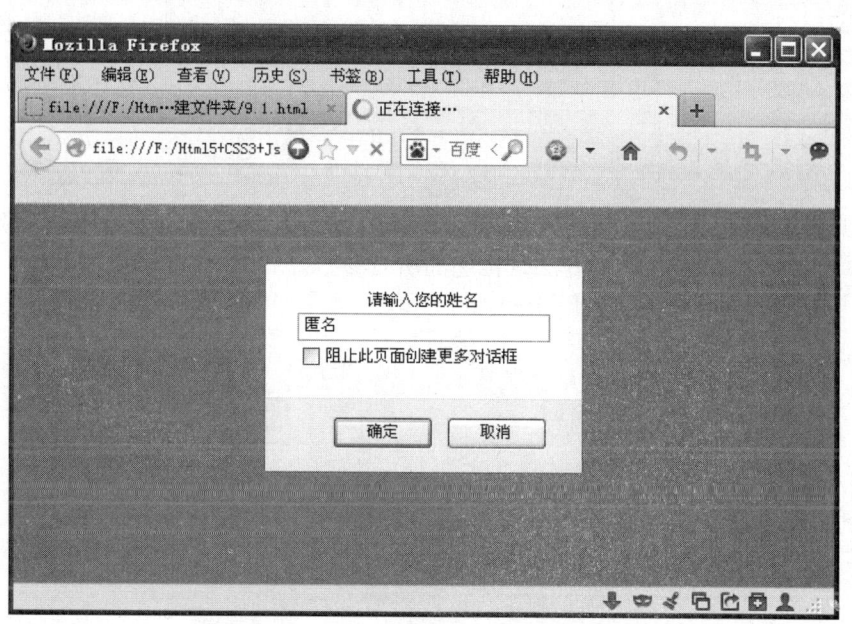

图9.4　代码在Firefox浏览器中的显示结果

2．自定义方法

JavaScript 语言中的自定义方法与 Java 语言有较大的不同：第一，JavaScript 中没有方法修饰符，所有方法都是本页面内可以访问；第二，由于 JavaScript 是弱类型语言，所以不需要声明方法的返回值类型；第三，JavaScript 中的方法不支持重载，但是支持类似于 Java 中变长参数的特性。定义一个方法的语法如下：

```javascript
function 方法名 ( 参数1，参数2，… ) {
//函数体
return 返回值;
}
```

【示例 9.7】通过定义方法计算两个数的和。

```html
<!DOCTYPE HTML>
<html>
```

 HTML5+CSS3+JavaScript网页设计项目教程

```
<head>
<meta http-equiv="Content-Type" content="text/html; charset=utf-8">
<script type="text/javascript">
    function add(a, b) {
            //如果不通过parseInt方法转换为数字，则会进行字符串的连接
            var c = parseInt(a) + parseInt(b);
            return c;
    }
    var a = prompt("请输入第一个数", 0);
    var b = prompt("请输入第二个数", 0);
    //请注意变量的作用范围
    var c = add(a, b);
    alert("计算结果是: " + c);
</script>
</head>
<body>
</body>
</html>
```

如果想计算不确定数目的若干个数字的和，就可以使用 JavaScript 中的一个特殊数组——arguments，该数组用来保存调用方法时传递的所有参数。

【示例 9.8】arguments 数组应用实例。

```
<!DOCTYPE HTML>
<html>
<head>
<meta http-equiv="Content-Type" content="text/html; charset=utf-8">
<script type="text/javascript">
    function add() {
            //获取arguments数组的长度
            var length = arguments.length;
            var c = 0;
            for (var i = 0; i < length; i++) {
                    c += parseInt(arguments[i]);
            }
            return c;
    }

    document.write("<p>无参数 = " + add());
    document.write("<p>1 = " + add(1));
    document.write("<p>1,3 = " + add(1,3));
    document.write("<p>1,3,5 = " + add(1,3,5));
    document.write("<p>1,3,5,7,9 = " + add(1,3,5,7,9));
</script>
</head>
<body>
```

```
</body>
</html>
```

执行代码，结果如图9.5所示。

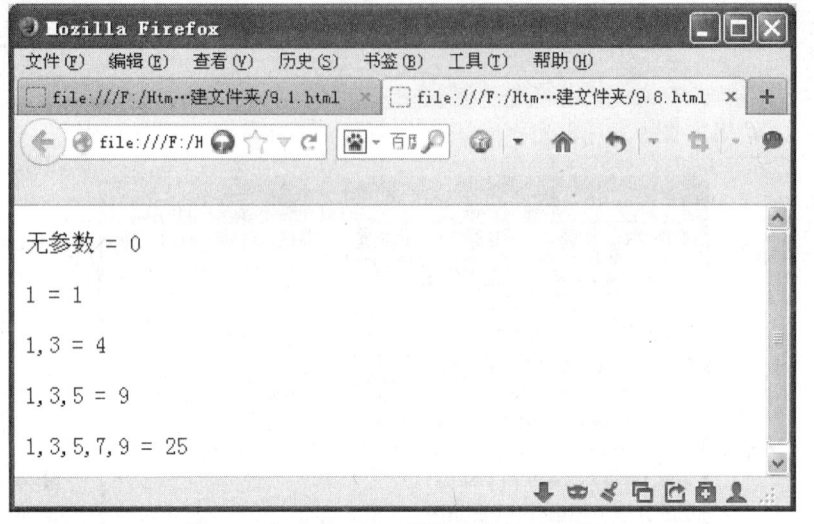

图9.5　代码在Firefox浏览器中的显示结果

JavaScript中函数的参数还有更灵活的运用方式。

【示例9.9】JavaScript中函数参数的灵活运用。

```
<!DOCTYPE HTML>
<html>
<head>
<meta http-equiv="Content-Type" content="text/html; charset=utf-8">
<script type="text/javascript">
    function output(times, char, end) {
        var s = '';
        for (var i = 0; i < times; i++) {
            if (char) {
                s+=char;
            } else {
                s+='*';
            }
        }
        document.write(s);
        if (end) {
            document.write(end);
        } else {
            document.write("<br/>");
        }
    }

    output(20);
    output(20, "O");
```

HTML5+CSS3+JavaScript网页设计项目教程

```
    output(20);
    output(20, "H", "<hr/>");
    </script>
</head>
<body>
</body>
</html>
```

执行代码，结果如图9.6所示。

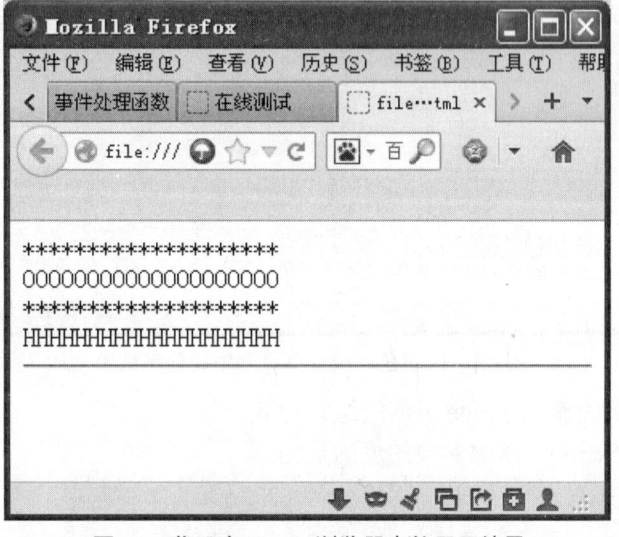

图9.6　代码在Firefox浏览器中的显示结果

> **注 意**
>
> 　　因为JavaScript中方法的参数长度是可变的，所以JavaScript并不支持类似于Java语言的方法重载特性。

9.2.5　JavaScript事件与对象

事件是浏览器响应用户操作的机制，它提供与浏览器窗口和其中的网页进行交互的接口。在浏览器中，事件主要由用户的操作产生，包括加载页面、输入数据、鼠标和键盘操作等。JavaScript 可以捕获这些事件，并进行相应的处理，从而可以开发出交互性和易用性更强的HTML 页面。

JavaScript 的一个重要特点是基于对象。对象将程序数据和操作封装在一起，使得程序开发更加直观、模块化和可复用，它的应用大大简化了 JavaScript 程序的设计。

1.事件及其处理

事件是指定活动发生时生成的信号，主要由用户操作产生。用户在超链接上单击、改变文本框内容和页面关闭等都是事件的实现。表 9.3 列出了常用的 JavaScript 事件。

196

任务9　实现主页新闻图片轮显及翻滚特效

表9.3　常用的JavaScript事件

事件	描述
click	单击事件
dbclick	双击事件
mouseover	鼠标移入事件
mouseout	鼠标移出事件
focus	获得输入焦点事件
blur	失去输入焦点事件
submit	表单提交事件
reset	表单重置事件
load	加载页面事件
unload	离开页面事件

不同的 HTML 元素可以产生不同的事件，每个事件都有与之对应的事件处理属性（以"on+事件名"的方式命名），只需为其指定（编写）事件对应的事件处理程序，就可以处理这个事件。常见的 HTML 元素及其事件处理属性如表 9.4 所示。

表9.4　常用HTML元素的事件处理属性

HTML元素	HTML标记	事件处理属性
表单	\<form>	onSubmit, onReset
文本框	\<input type=text/password > \<textarea>	onFocus, onBlur
按钮	\<input type=button/submit/reset>	onClick
单选框/复选框	\<input type=radio/checkbox>	onClick
菜单	\<select>	onFocus, onBlur
超链接	\<a>	onMouseOver, onMouseOut, onClick
文档主体	\<body>	onLoad, onUnload

为这些事件处理属性设置处理程序的格式为：

on事件名 = 事件处理函数(或JavaScript语句)

2．JavaScript 的常用事件

刚才已经介绍了 click 事件，这只是最简单的事件。在 JavaScript 中提供了更多的事件，恰当地使用这些事件可以进一步增强页面的交互功能。下面介绍几组最常用的事件。

1）click 事件与 dbclick 事件

click 事件在鼠标单击的时候发生。单击按钮（普通按钮、提交按钮或重置按钮）、单选按钮、复选框和超链接时都会产生这个事件。

dbclick 事件在鼠标双击的时候发生。双击超链接或其他页面元素时会产生这个事件。在 Internet Explorer 中，响应 dbclick 事件前会产生一个 click 事件。

HTML5+CSS3+JavaScript网页设计项目教程

2）load 事件与 unload 事件

load 事件发生在浏览器加载完页面时，即网页刚被显示出来时。unload 事件与 load 事件相对应，发生在离开（关闭）网页时。通常在 <body> 标签中设置这两个事件的处理属性。

3）mouseover 和 mouseout 事件

mouseover 和 mouseout 事件是鼠标事件。当鼠标移动到 HTML 元素（比如超链接）所在区域时，会触发 mouseover 事件；当鼠标从 HTML 元素所在区域移出时，会触发 mouseout 事件。

4）focus 事件与 blur 事件

一个 HTML 元素，比如文本框或下拉菜单，当用鼠标或键盘选中，即获得焦点时，就会产生一个 focus 事件。相对地，当它失去焦点时，就会产一个 blur 事件。

5）submit 和 reset 事件

submit 和 reset 事件都是与表单相关的事件。当填写完一个表单，进行提交时就会产生 submit 事件。submit 事件的处理程序通常用来检查表单项目的有效性，比如判断表单是否填写完整。reset 事件发生在用户重置表单内容时。当用户对输入的内容不满意时，就要进行重置，将表单内容还原到填写前的样子。

9.2.6 JavaScript对象基础

对象是现实世界中存在的客观事物，例如人、计算机、湖泊等。对象也存在于计算机和网络世界中。HTML 页面和其中包含的网页元素都可以看作对象。JavaScript 中的对象是由属性（properties）和方法（methods）两个基本元素构成的。前者是对象在实施其所需要行为的过程中，实现信息的装载单位，从而与变量相关联；后者是指对象能够按照设计者的意图被执行，从而与特定的函数相关联。

1）属性

简单地讲，属性是用于描述对象的内部变量，这些变量中保存着对象自身的信息。例如，length 是一个字符串对象的属性，存储着字符串的长度信息。

2）方法

方法是一个对象自己所属的函数，可以直接访问对象的内部变量。

1．对象操作语句

在 JavaScript 中提供了几个用于操作对象的语句和关键字及运算符。

1）for...in 语句

格式如下：

```
for（对象属性名 in 已知对象名）
```

任务9　实现主页新闻图片轮显及翻滚特效

该语句用于对已知对象的所有属性进行操作的控制循环。它是将一个已知对象的所有属性反复置给一个变量，而不是使用计数器来实现的。

该语句的优点就是无须知道对象中属性的个数即可进行操作。

```
Function showData(object)
{for(var prop in object)
{document.write(object[prop]); }
}
```

使用上述代码中的函数 showData 时，循环体中的 for 自动将对象的属性取出来，直到最后为止。

2）with 语句

使用该语句的意思是：在该语句体内，任何对变量的引用被认为是这个对象的属性，以节省一些代码。

```
with object{
...}
```

所有在 with 语句后的花括号中的语句，都是在后面 object 对象的作用域中。

3）this 关键字

this 是对当前的引用。在 JavaScript 中，由于对象的引用是多层次、多方位的，往往一个对象的引用又需要对另一个对象的引用，而另一个对象有可能又要引用另一个对象，这样有可能造成混乱，最后自己已不知道现在引用的哪一个对象，为此 JavaScript 提供了一个用于将对象指定当前对象的语句 this。

4）new 运算符

虽然在 JavaScript 中对象的功能已经非常强大了，但更强大的是设计人员可以按照需求来创建自己的对象，以满足某一特定的要求。使用 new 运算符可以创建一个新的对象。其创建对象使用如下格式：

```
newObject=new Object(Parameters table);
```

其中，newObject 是创建的新对象；Object 是已经存在的对象；Parameters table 是参数表；new 是 JavaScript 中的命令语句。

如创建一个日期新对象：

```
newDate=new Date()
birthday=new Date (December 12.1998)
```

之后就可使 newDate、birthday 作为一个新的日期对象了。

2．对象属性的引用

对象属性的引用可由下列三种方式之一实现。

（1）使用点（.）运算符。

```
university.name="云南省"
university.city="昆明市"
```

```
university.date="1999"
```

其中 university 是一个已经存在的对象，name、city、date 是它的 3 个属性，并通过操作对其赋值。

例如，网页的背景色由 document 对象的 bgColor 属性表示。要将背景色改为蓝色，可以使用下面的语句：

```
document.bgColor = "blue";
```

document 的 write 方法可以向浏览器输入 HTML 文本，若要在浏览器中显示"早上好！"这句话，可以使用下面的语句：

```
document.write("<p>早上好!</p>");
```

（2）通过对象的下标实现引用。

```
university[0]="云南"
university[1]="昆明市"
university[2]="1999"
```

通过数组形式的访问属性，可以使用循环操作获取其值。

```
for (var j=0;j<=2; j++)
{document.write(university [j];)
```

（3）通过字符串的形式实现

```
university["Name"]="云南"
university["City"]="昆明市"
university["Date"]="1999"
```

3. 对象方法的引用

在 JavaScript 中，对象方法的引用是非常简单的。

```
ObjectName.methods()
```

实际上，methods()=FunctionName，方法实质上是一个函数。如引用 university 对象中的 showmy() 方法，则可使用：

```
document.write (university.showmy()) 或: document.write(university)
```

如果在程序中要多次使用某个对象的属性和方法时，可以使用 with 语句简化书写。

在"语句块"中，可以直接使用对象的属性名和方法名，而不需加"对象名."的前缀。例如：

```
document.bgColor = "blue";
document.write("<p>早上好!</p>");
```

可以简写为：

```
with(document)
{
    bgColor = "blue";
    write("<p>早上好!</p>");
}
```

4. 自定义对象

使用 JavaScript 可以创建自己的对象。虽然 JavaScript 内部和浏览器本身的功能已十分强大，但 JavaScript 还是提供了创建一个新对象的方法。在 JavaScript 中创建一个新的对象是十分简单的。首先它必须定义一个对象，而后再为该对象创建一个实例。这个实例就是一个新对象，它具有对象定义中的基本特征。

1）对象的定义

JavaScript 对象定义的基本格式如下：

```
Function Object (prop1, prop2,…) {
this.prop1=prop1;
this.prop2=prop2;
…
this.method=FunctionName1;
this.method=FunctionName2;
…
}
```

在一个对象的定义中，可以为该对象指明其属性和方法，通过属性和方法构成了一个对象的实例。以下是一个关于 person 对象的定义：

```
function person(firstname, lastname, age, eyecolor)
{
    this.firstname = firstname;
    this.lastname = lastname;
    this.age = age;
    this.eyecolor = eyecolor;
}
```

2）创建对象实例

一旦对象定义完成后，就可以为该对象创建一个实例了。

```
newObject = new Object();
```

其中，newObject 是新的对象。例如：

```
thisperson = new person("ss","sss", "ddd", "fff");
```

【示例 9.10】创建对象实例。

```
<!DOCTYPE HTML>
<html>
<head>
<meta http-equiv="Content-Type" content="text/html; charset=utf-8">
<script type="text/javascript">
    function Person(name, age, colour) {
            this.name = name;
            this.age = age;
            this.colour = colour;
            this.birthYear = (new Date()).getYear() - this.age;
            this.toString = printPerson;// 这里定义the Person.toString()方法
            this.isOlder = isOlder;       // 这里定义Person.isOlder(Person)方法
    }
```

```
    function printPerson() {
    var text = this.name + " was born in " + this.birthYear +"<br>";
            text += "and is " + this.age + " years old.<p>";
            return text;
    }

    function isOlder(otherPerson) { // 这里定义是否第一个人是更老的
            return (this.age > otherPerson.age); // 返回布尔型数值
    }
</script>
</head>
<body>
<script>
    var body1 = new Person("Patrick", 22, "red");
    var body2 = new Person("Betty", 21, "green");
    document.write(body1); file://这里为Person.toString()创建一个调用
    document.write(body2);
    document.write(body1.name);
    document.write((body1.isOlder(body2)) ? " is " : " is not ");
    document.write("older than " + body2.name);
</script>
</body>
</html>
```

结果如图 9.7 所示。

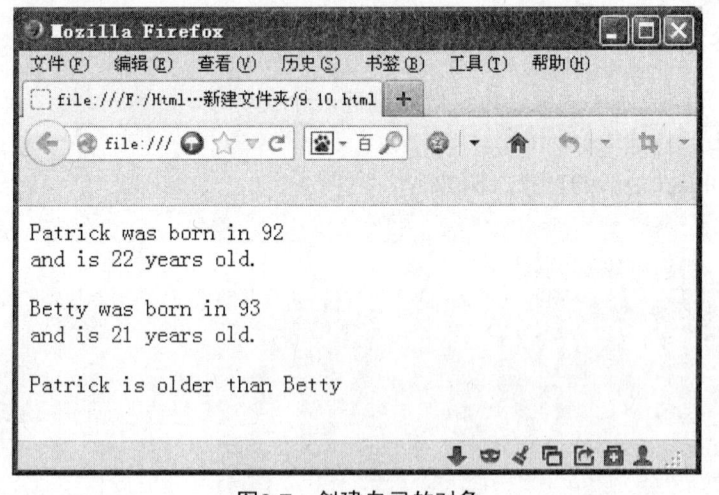

图9.7　创建自己的对象

5．JavaScript 浏览器对象

在 JavaScript 编程中，除了可以使用脚本内置的对象，还可以使用浏览器对象。浏览器根据当前的配置和载入的网页，向 JavaScript 提供一些对象，JavaScript 程序通过这些对象与浏览器进行交互。常用的浏览器对象包括以下几种：

- window对象。
- document对象。
- location与history对象。
- form对象。

1）window 对象

window 对象是最顶层的对象，每个打开的浏览器窗口都是一个 window 对象。大部分情况下都只有一个 window 对象，所以在引用它的属性和方法时可以省略 window 对象的名字。常用属性如下。

- status：浏览器的状态栏信息，可用来设置状态栏上显示的文字。
- history：历史纪录，是一个对象。
- closed：窗口是否关闭。
- location：当前的URL信息。
- self：当前窗口，在JavaScript中与window同义。

常用方法如下。

- open(URL,name,[para])：打开一个新的浏览器窗口。name参数是窗口名称；para参数可选，用来设置窗口的大小和外观。
- close()：关闭浏览器窗口。
- alert(msg)：弹出消息对话框。msg参数是要显示的消息。
- confirm(msg)：弹出确认对话框。msg参数是要显示的消息。
- prompt(msg,defaultmsg)：弹出输入对话框。msg参数是要显示的消息；defaultmsg是本文输入框中的初始文本。
- setTimeout(expr, time)：定时设置，在time时间后自动执行expr的代码，只执行一次。time的单位是毫秒。
- clearTimeout(timer)：取消setTimeout设定的定时操作。
- setInterval(expr, time)：设置一个时间间隔，使expr的代码可以定期反复执行。使用time设置时间，单位是毫秒。
- clearInterval(timer)：取消setInterval设定的定时操作。

【示例 9.11】使用 setTimeout() 方法在状态栏上实现打字机效果，从少到多动态地显示"欢迎光临"4 个字。

```
<!DOCTYPE HTML>
<html>
<head>
<meta http-equiv="Content-Type" content="text/html; charset=utf-8">
 <title>状态栏上的动态文字</title>
    <script language = "javascript">
        <!--
        function showPart(n)
        {
            str = "欢迎光临";
```

```
                    window.status = str.substring(0,n); // 显示前n个字符
                    if (n>=str.length)// 显示完所有字符从头开始显示
                            n = 0;
                    n++;
                    expr = "showPart("+n+")";
                    window.setTimeout(expr, 500);        // 0.5秒更新一次显示
                }
            showPart(0);
            -->
        </script>
</head>
</html>
```

如图 9.8 和图 9.9 所示为状态栏上的打字机效果。

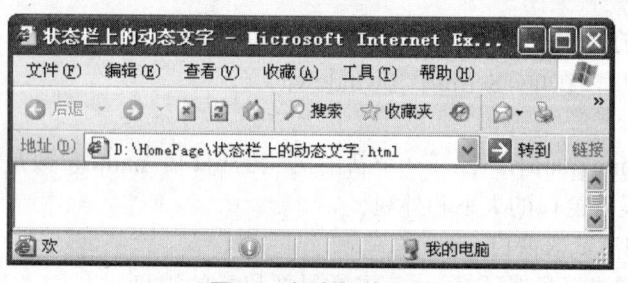

图9.8　打字机效果1

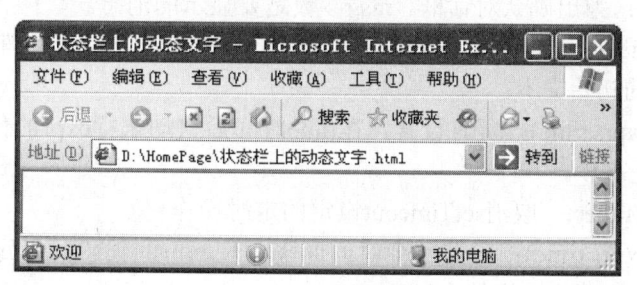

图9.9　打字机效果2

2）document 对象

document 对象代表浏览器窗口中的文档，可以用来访问和处理页面中所有的 HTML 元素，如标题、图像、表格、超链接等。

常用属性如下。

- title：文档的标题。
- bgColor：文档的背景色。
- fgColor：文档的前景色。
- alinkColor：激活链接的颜色。
- linkColor：链接的颜色。
- vlinkColor：已访问链接的颜色。

- URL：文档对应的URL。
- lastModified：文档的最后修改时间。

常用方法如下。

- write(str)：向文档中写入文本。
- writeln(str)：向文档中写入文本并换行。

【示例9.12】使用 write() 方法，显示当前文档的标题和最后修改日期。

```
<!DOCTYPE HTML>
<html>
<head>
<meta http-equiv="Content-Type" content="text/html; charset=utf-8">
<title>document对象的使用</title>
    <script language = "javascript">
        <!--
    document.write("当前文档的标题："+document.title+"<br>");
    document.write("当前文档的最后修改日期："+document.lastModified);
        -->
    </script>
</head>
</html>
```

如图 9.10 所示为在 JavaScript 中使用 document 对象后的显示结果。

图9.10　document对象的使用

3）location 对象与 history 对象

location 和 history 对象都属于 window 对象，它们都可以用来改变浏览器当前访问的 URL。

location 对象是当前网页的 URL 地址，可以用来让浏览器跳转至另一个 URL。

语法：

```
window.location = URL;
```

或者简写为：

```
location = URL;
```

浏览网页时，浏览器会将最近访问过的页面保存到历史记录中。在 JavaScript 中可以使用 history 对象访问这些历史记录。

常用属性如下。

length：历史记录的数目。

常用方法如下。

- go(n)：在历史记录中，以当前页面为基准，访问第n个页面。当n是正数时，访问后面的页面；当n是负数时，访问前面的页面。
- forward()：访问后一个页面，与go(1)等价，相当于单击浏览器工具栏上的"前进"按钮。
- back()：访问前一个页面，与go(-1)等价，相当于单击浏览器工具栏上的"后退"按钮。

【示例9.13】添加3个按钮，分别实现"后退"、访问新浪网、"前进"的功能。

```
<html>
<head>
    <title>location和history对象的</title>
</head>
<body>
  <form>
  <input type = "button" value = "后退" onClick = "history.back()">
  <input type = "button" value = "新浪网" onClick = "location ='http://www.
sina.com'">
  <input type = "button" value = "前进" onClick = "history.forward()">
  </form>
</body>
</html>
```

如图9.11所示为该范例的页面显示效果。

图9.11　location和history对象的使用

9.2.7　常见网页特效

【示例9.14】可关闭的自由漂浮的图片广告特效。

```
<!DOCTYPE HTML>
<html>
<head>
<meta http-equiv="Content-Type" content="text/html; charset=utf-8">
<title>可关闭的自由漂浮的图片广告/title>
<meta http-equiv="content-type" content="text/html;charset=gb2312">
<style type="text/css">
#img1{width:10px;height:10px;position:absolute;top:10px;left:10px;z-
```

```
index:10;}
    #img1 div{width:110px;text-align:right;font-size:12px;}
    #img1 div a:link{text-decoration:none;}
    #img1 div a:hover{color:red;text-decoration:none;}
    #img1 img{width:110px;height:90px;}
    p{margin-top:50px;text-align:center;}
    </style>
    </head>
    <body>
    <div id="img1" onmouseover="pause_resume()" onmouseout="pause_resume()">
    <div><a href="javascript:void(0);" onclick="closediv()" title="点击关闭">关
闭</a></div>
    <a href="http://www.msxindl.com/" target="_blank"><img src="logo.jpg"
alt="可关闭的自由漂浮的图片广告特效代码"></a>
    </div>
    <p>可关闭的自由漂浮的图片广告特效</p>
    <script type="text/javascript">
    var xPos = 300;
    var yPos = 200;
    var step = 1;
    var delay = 30;
    var height = 0;
    var Hoffset = 0;
    var Woffset = 0;
    var yon = 0;
    var xon = 0;
    var pause = true;
    var interval;
    var divid = img1; //浮动DIV的ID.
    divid.style.top = yPos;
    function changePos(){
        width = document.body.clientWidth;
        height = document.body.clientHeight;
        Hoffset = divid.offsetHeight;
        Woffset = divid.offsetWidth;
        divid.style.left = xPos + document.body.scrollLeft;
        divid.style.top = yPos + document.body.scrollTop;
        if(yon){yPos = yPos + step;}else{yPos = yPos - step;}
        if(yPos < 0){yon = 1;yPos = 0;}
        if(yPos >= (height - Hoffset)){yon = 0; yPos = (height - Hoffset);}
        if(xon){xPos = xPos + step;}else{xPos = xPos - step;}
        if(xPos < 0){xon = 1;xPos = 0;}
        if(xPos >= (width - Woffset)){xon = 0; xPos = (width - Woffset);}
    }
    function start(){
        divid.visibility = «visible»;
```

```
    interval = setInterval('changePos()',delay);
}
function pause_resume(){
    if(pause){
    clearInterval(interval);
    pause = false;}
    else{
    interval = setInterval('changePos()',delay);
    pause = true;
    }
}
function closediv(){
    clearInterval(interval);
    divid.style.display = «none»;
}
start();
</script>
</body>
</html>
```

结果如图 9.12 所示。

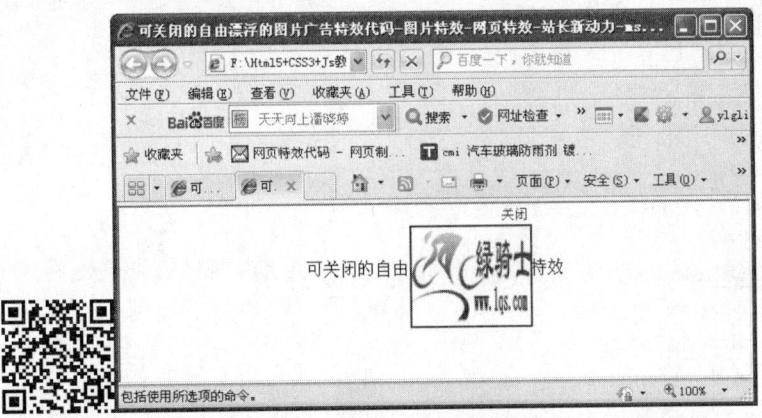

图9.12　图片漂浮广告特效

【示例 9.15】显示和隐藏文字特效。

```
<!DOCTYPE HTML>
<html>
<head>
<meta http-equiv="Content-Type" content="text/html; charset=utf-8">
<title>显示和隐藏文字特效</title>
</head>
<SCRIPT type=text/javascript>
 function show_hiddendiv(){
    document.getElementById("hidden_div").style.display='block';
    document.getElementById("_strHref").href='javascript:hidden_
showdiv();';
```

任务9 实现主页新闻图片轮显及翻滚特效

```
        document.getElementById("_strSpan").innerHTML="隐藏部分";
    }
    function hidden_showdiv(){
        document.getElementById("hidden_div").style.display='none';
        document.getElementById("_strHref").href='javascript:show_
hiddendiv();';
        document.getElementById("_strSpan").innerHTML="显示全部";
    }
    </SCRIPT>
    <body>
```

　　全球票房超20亿美元最新科幻动作大片《阿凡达》。卡梅隆这部历时十余年打造的史诗巨作呈现了独一无二的宏伟场面，壮观的视野，激动人心的叙事以及回归自然的主题。

　　自1997年《泰坦尼克号》在全球大热之后，导演詹姆斯·卡梅隆的下一部电影令影迷等得几乎望眼欲穿。对此，詹姆斯·卡梅隆表示："《阿凡达<SPAN style="DISPLAY: none" id=hidden_div>》能够最终拍出来，是一次奇迹。这是一部科幻电影，是我喜欢的东西，科幻电影要表现的是我们现在无法接触到的事物，这是一种预言，它会让你反思我们现在在做的一切，将来会发生什么样的后果？这就是我拍《阿凡达》的初衷之一，我对现在人类对大自然所做的一切感到深深的忧虑，我想将来也许会受到大自然的报复。故事开始于地球，杰克·萨利（Jake Sully，萨姆·沃辛顿 饰）是一个双腿瘫痪的老兵，他觉得没有任何东西值得他去战斗，因此当被要求去潘多拉星球到那里的采矿公司工作时欣然接受。几年后，杰克·萨利到了潘多拉星球，他发现这里的美景简直无法用语言来形容，高达900英尺的参天巨树、星罗棋布飘浮在空中的群山、色彩斑斓充满奇特植物的茂密雨林、晚上各种动植物还会发出光……就如同梦中的奇幻花园。不过很快他就体验到了这里的危险，一头毒狼（潘多拉星球一种本土生物）与他狭路相逢，眼看就要被吃掉，一支箭射死了毒狼，杰克得救了。救他的是Navi族的一个女孩（佐伊·萨尔达娜 饰），杰克从她口中了解到了更多潘多拉星球的知识。Navi族人一直以来都与潘多拉星球的其他物种和谐相处，过着一种简朴天然的生活，杰克在和这个Navi女孩的相处过程中逐渐转变了对人类来这里采矿的看法，他意识到他已经找到值得为之战斗的东西了。不过杰克·萨利如果要参加入Navi族人对抗人类入侵者的战争，要付出很大的代价：他并不能永远呆在"化身"中，当"化身"--克隆Navi人睡觉时，他就会回到自己半身不遂的人类身体中，只有通过专门的连接设备才能重新回到"化身"中，一旦与自己的同胞为敌，他就失去了与"化身"结合的可能，只能困在残疾的身体里，并失去那个他越来越喜欢的Navi女孩……</SPAN>…

　　(<A id=_strHref href="javascript:show_hiddendiv();"><SPAN id=_strSpan>显示全部</SPAN></SPAN></A>)

```
    </body>
    </html>
```

　　结果如图9.13和图9.14所示。

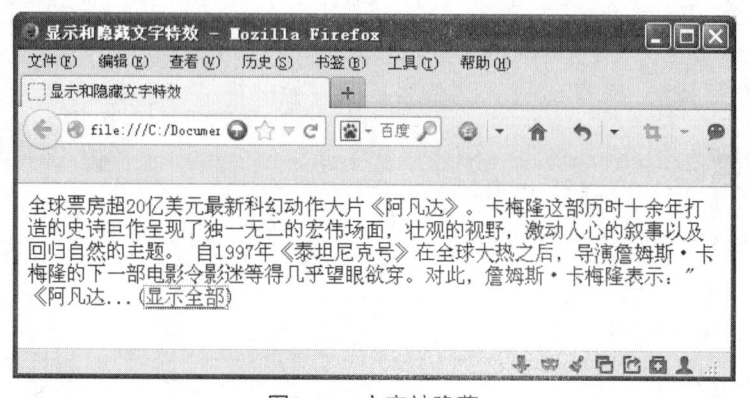

图9.13　文字被隐藏

209

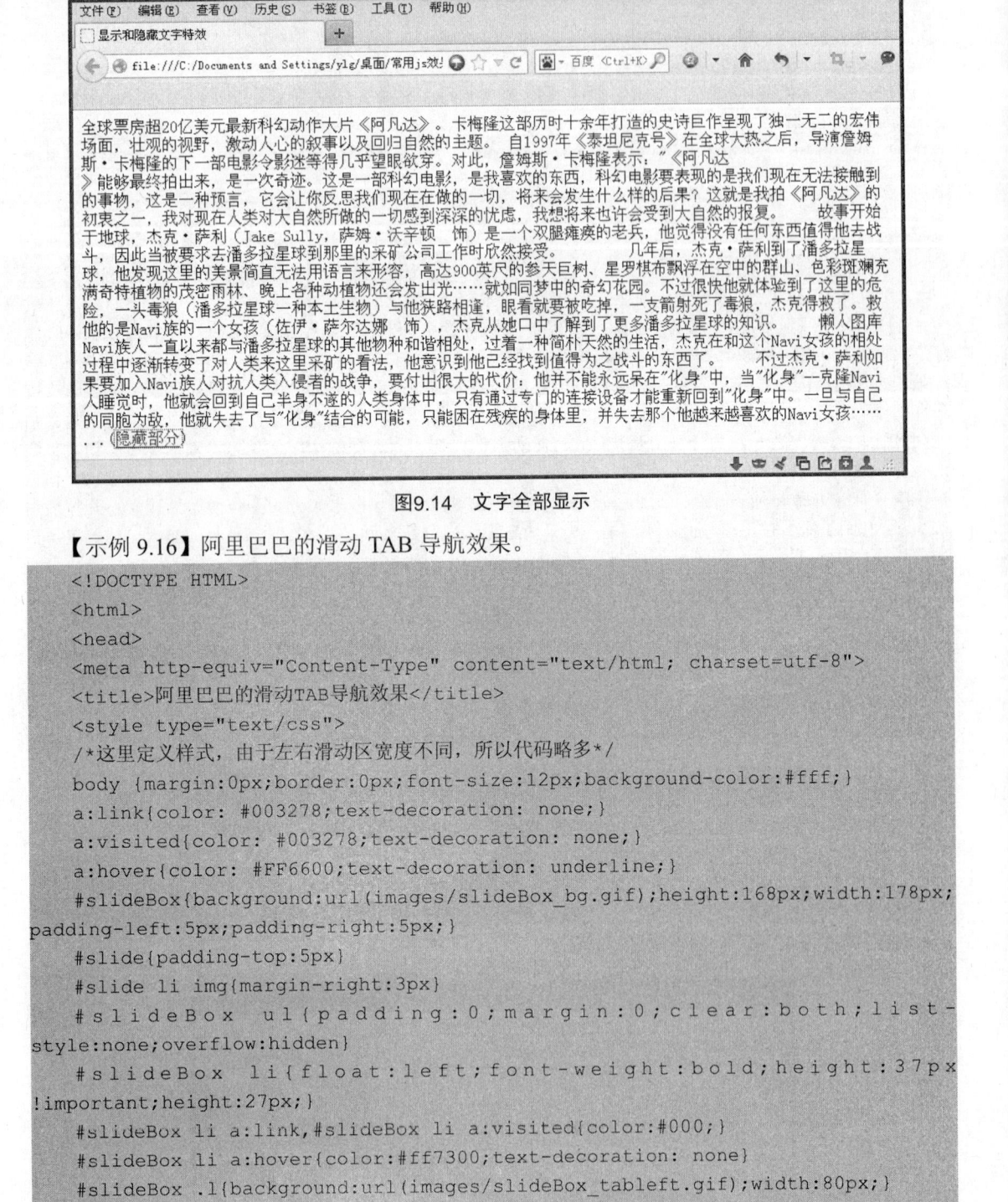

图9.14 文字全部显示

【示例 9.16】阿里巴巴的滑动 TAB 导航效果。

```html
<!DOCTYPE HTML>
<html>
<head>
<meta http-equiv="Content-Type" content="text/html; charset=utf-8">
<title>阿里巴巴的滑动TAB导航效果</title>
<style type="text/css">
/*这里定义样式，由于左右滑动区宽度不同，所以代码略多*/
body {margin:0px;border:0px;font-size:12px;background-color:#fff;}
a:link{color: #003278;text-decoration: none;}
a:visited{color: #003278;text-decoration: none;}
a:hover{color: #FF6600;text-decoration: underline;}
#slideBox{background:url(images/slideBox_bg.gif);height:168px;width:178px;
padding-left:5px;padding-right:5px;}
#slide{padding-top:5px}
#slide li img{margin-right:3px}
#slideBox ul{padding:0;margin:0;clear:both;list-
style:none;overflow:hidden}
#slideBox li{float:left;font-weight:bold;height:37px
!important;height:27px;}
#slideBox li a:link,#slideBox li a:visited{color:#000;}
#slideBox li a:hover{color:#ff7300;text-decoration: none}
#slideBox .l{background:url(images/slideBox_tableft.gif);width:80px;}
#slideBox .r{background:url(images/slideBox_tabright.
gif);width:94px;float:right}
#slideBox .l_h{background:url(images/slideBox_tableft_h.gif);width:80px;}
```

```css
    #slideBox .r_h{background:url(images/slideBox_tabright_h.gif);width:94px;
float:right;}
    #slideBox .hide{display:none}
    #slideBox .l a{width:52px;}
    #slideBox .r a{width:68px;}
    .arrow{padding-left:8px;background:url(images/icon_arrow03_right_08x.gif)
no-repeat;}
    #slideBox .l a,#slideBox .r a,#slideBox .l_h a,#slideBox .r_h a{padding-
left:24px;display:block;height:100%;padding-top:10px;}
    .btn_zchy{background:url(images/icon_zchy01_12x.gif) 5px 10px no-repeat;}
    .btn_cxt{background:url(images/icon_cxt01_12x.gif) 5px 10px no-repeat;}
    .btn_tggs{background:url(images/icon_tggs01_12x.gif) 5px 10px no-repeat;}
    .btn_fbxx{background:url(images/icon_fbxx01_12x.gif) 5px 10px no-repeat;}
    .btn_xzmj{background:url(images/icon_xzmj01_12x.gif) 5px 10px no-repeat;}
    .btn_alisoft{background:url(images/icon_alisoft01_12x.gif) 5px 10px no-
repeat;}
    /*cont*/
    #slideBox .cont_l{float:left;background:url(images/slideBox_
conleft.gif);width:157px;height:31px;padding:9px 7px 7px 14px;margin-
bottom:4px;overflow:hidden}
    #slideBox .cont_r{float:left;background:url(images/slideBox_
conright.gif);width:157px;height:31px;padding:9px 7px 7px 14px;margin-
bottom:4px;overflow:hidden}
    #slideBox .oneline{line-height:33px;}
    </style>
    </head>

    <body style="text-align:center"><br /><br />
    <!--slidebox start-->
    <div id="slideBox">
    <div id="slide">
      <ul>
      <li class="l_h"><a href="http://www.lanrentuku.com/" class="btn_zchy">注
册会员</a></li>
      <li class="r"><a href="http://www.lanrentuku.com/" class="btn_cxt">加入诚
信通</a></li>
      </ul>
      <div class="cont_l" id="sc_1">内容一  </div>
      <div class="hide" id="sc_2">内容二   </div>
      <ul>
      <li class="l"><a href="http://www.lanrentuku.com/" class="btn_tggs">推广
公司</a></li>
      <li class="r"><a href="http://www.lanrentuku.com/" class="btn_fbxx">发布
信息</a></li>
      </ul>
      <div class="hide" id="sc_3">内容三</div>
```

HTML5+CSS3+JavaScript网页设计项目教程

```html
    <div class="hide" id="sc_4"> 内容四</div>
    <ul>
    <li class="l"><a href="#" class="btn_xzmj">寻找买家</a></li>
    <li class="r"><a href="#" class="btn_alisoft">阿里软件</a></li>
    </ul>
    <div class="hide" id="sc_5"> 内容五 </div>
    <div class="hide" id="sc_6"> 内容六 </div>
  </div>
  </div>
  <!--slidebox end-->
  <script type="text/javascript">
  /*
这里是所有js实现，代码比较少，主要还是取巧，利用了classname的关系
  */
  var slideTabIndex=1;
  var sTabList = document.getElementById("slideBox").
getElementsByTagName("li");
  for(var i=0;i<sTabList.length;i++){
  var obj = sTabList[i].getElementsByTagName("a")[0];
  sTabList[i].getElementsByTagName("a")[0].id="slideBtn_"+(i+1);
  if (obj.addEventListener) {
  obj.addEventListener( "mouseover", overSlide, false );
  }
  else if (obj.attachEvent) {
  obj.attachEvent( "onmouseover", overSlide );
  }
  }
  function overSlide(e){
  e = window.event || e;
  var srcElement = e.srcElement || e.target;
  var newTabIndex=srcElement.id.replace("slideBtn_","");
  var pos = srcElement.parentNode.className;
  if(newTabIndex==""||pos.indexOf("_h")!=-1)return;
  document.getElementById("slideBtn_"+slideTabIndex).parentNode.
className=document.getElementById("slideBtn_"+slideTabIndex).parentNode.
className.replace("_h","");
  document.getElementById("sc_"+slideTabIndex).className="hide";
  document.getElementById("sc_"+newTabIndex).className="cont_"+pos;
  srcElement.parentNode.className = pos+"_h";
  slideTabIndex=newTabIndex;
  }
  <!--slidebox end-->
  </script>
  </body>
  </html>
```

任务9 实现主页新闻图片轮显及翻滚特效

结果如图9.15和图9.16所示。

图9.15 显示第二部分的内容

图0.16 显示第三部分的内容

9.2.8 综合实例——实现即时验证效果

在使用 JavaScript 验证数据时，有的 HTML 元素要求立即显示验证效果，即在激活下一个 HTML 元素时，就会显示验证效果。例如对电子邮件、数据的验证。完成表单元素的即时验证，需要利用 JavaScript 事件完成。

本实例主要判断数据是否带有两个小数点，如果没有则不允许输入。具体实现步骤如下：

（1）分析需求。实现数据的即时验证，需要利用 onblur 事件，即当前文本框失去焦点时就会触发验证处理程序对当前数据验证。首先获取输入数据，然后利用 if 条件语句判断当前数据格式，最后判断数据是否符合格式。

（2）创建 HTML 实现基本表单元素。

```html
<!DOCTYPE HTML>
<html>
<head>
<meta http-equiv="Content-Type" content="text/html; charset=utf-8">
<title>数字即时验证</title>
</head>
<body >
 <h3>数字即时验证</h3>
<form name="myForm">
金额:
<input type="text" id="aaa" name="aaa" value="0.00" onBlur="checkDecimal(this);">
<br></br>
 合计:
<input type="text" id="bbb" name="bbb" ><br></br>
```

HTML5+CSS3+JavaScript网页设计项目教程

```
    </form>
    </body>
    </html>
```

在 HTML 代码中创建了一个表单，表单中包含两个文本输入框，其中一个文本框定义了 onblur 事件，即失去焦点事件。

浏览效果如图 9.17 所示。此时在第一个文本框输入信息，无任何提示。

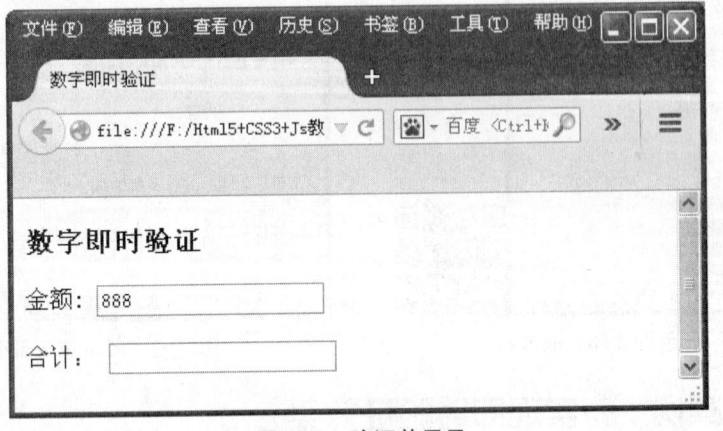

图9.17　验证前显示

（3）添加 JavaScript 代码，实现基本数据验证。

```
<script type="text/javascript">
function checkDecimal(element){
var tmp = element.value.split(".")
if(!isNaN(element.value)){
    if(tmp.length!=2||tmp[1].length!=2){
    document.myForm.aaa.focus();
    //document.getElementByName("name").focus();
    alert("输入金额请保留2位小数！");
    document.getElementById('aaa').value='0.00';
    return false;
    }
}
else{
    alert("输入金额必须是数字类型！");
    document.getElementById('aaa').focus();
    document.getElementById('aaa').value='0.00';
    return false;
    }
}
</script>
```

在上述代码中，函数 checkDecimal 第一条语句 "element.value.split(".")" 表示获取当前的第一个 HTML 元素输入值，并将这个值进行拆分，其分隔符为 "."。接下来利用 if 条件语句判断第一个 HTML 元素输入值是否为数字，如果不是数字，则提示重新输入，焦点保留

214

在第一个文本框中。如果是数字，则判断 tmp 数组的值，即 tmp[1] 的值长度是否为 2，如果为 2 则格式正确，否则提示重新输入。

浏览效果如图 9.18 所示。此时在第一个文本框中输入值 888 后，如果鼠标指针移到第二个文本框时，会弹出一个对话框，提示当前输入值不符合格式。

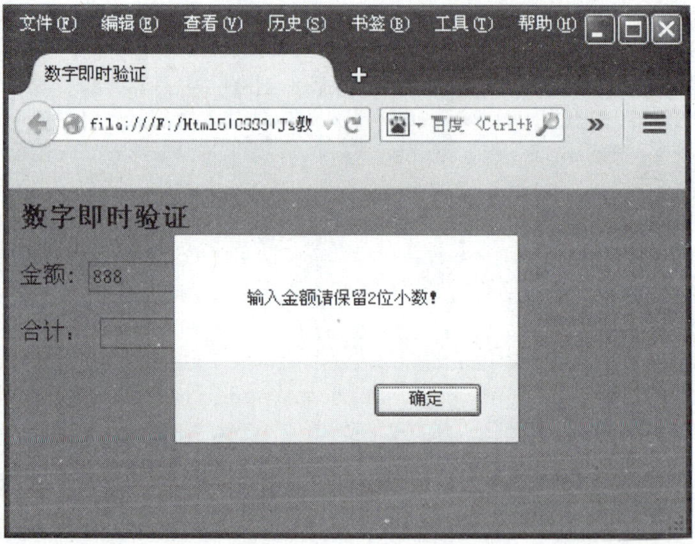

图9.18　数据即时验证

9.3　任务实施

9.3.1　实现图片轮显特效

（1）准备一个 .swf 文件，用来显示播放图片时的效果。

（2）创建 HTML 图片轮显容器。

```
<div>
   <table width="100%" border="0">
   <tr>
          <td align="center" width="765"><!--重要消息图文调用--></td>
      </tr>
   </table>
</div>
```

（3）在 HTML 图片轮显容器中添加 JS 代码。

```
<div>
   <table width="100%" border="0">
   <tr>
      <td align="center" width="765"><!--重要消息图文调用-->
      <script type="text/javascript">
   <!--
```

HTML5+CSS3+JavaScript网页设计项目教程

```
      var pic_width = 765  //图片宽
      var pic_height = 420  //图片高
      var text_height = 28  //图片标题高，可以不要标题显示设为0
      var swfpath = 'swf/picviewer.swf'  //picviewer.swf的存放位置
      var swf_height = pic_height+text_height //Flash高，会自动计算
    //调用字段：图片Photo、链接URL、标题Title
   var pics='images/pic/201301.jpg|images/pic/201302.jpg|images/pic/201303.
jpg|images/pic/201304.jpg|images/pic/201305.jpg'
    var links='http://bbs.cyclist.cn/thread-56124-1-3.html|http://bbs.cyclist.
cn/thread-49398-1-1.html|http://bbs.cyclist.cn/thread-52785-1-1.html|http://
www.cyclist.cn/datum/health/2008/05/42_74505_1210830194.html|http://www.
cyclist.cn/technology/Accessory/2008/04/48_74448_1207714031.html'
    var texts='东盟中心唐丁丁主任和绿色出行基金黄浩明秘书长签署合作协议|胡锦涛总书记体验绿
色出行|环保关爱"绿色出行林"志愿者在行动|美国大使骆家辉试骑自行车|祖海与奥运冠军林丹受聘首都
大学生绿色志愿大使'
    document.write('<object classid="clsid:d27cdb6e-ae6d-11cf-
96b8-444553540000" codebase="http://fpdownload.macromedia.com/pub/shockwave/
cabs/flash/swflash.cab#version=6,0,0,0" width="'+ pic_width +'" height="'+
swf_height +'">');
      document.write('<param name="allowScriptAccess"
value="sameDomain"><param name="movie" value="'+swfpath+'"><param
name="quality" value="high"><param name="bgcolor" value="#ffffff">');
      document.write('<param name="menu" value="false"><param name=wmode
value="opaque">');
      document.write('<param name="FlashVars" value="pics='+pics+'&links='
+links+'&texts='+texts+'&borderwidth='+pic_width+'&borderheight='+pic_
height+'&textheight='+text_height+'">');
      document.write('<embed src="'+swfpath+'" wmode="opaque" FlashVars
="pics='+pics+'&links='+links+'&texts='+texts+'&borderwidth='+pic_
width+'&borderheight='+pic_height+'&textheight='+text_height+'" menu="false"
bgcolor="#ffffff" quality="high" width="'+ pic_width +'" height="'+ pic_
height +'" allowScriptAccess="sameDomain" type="application/x-shockwave-flash"
pluginspage="http://www.macromedia.com/go/getflashplayer" />');
    document.write('</object>');
    //-->
  </script>
  </td>
  </tr>
  </table>
  </div>
```

最终浏览效果如图 9.19 所示。

祖海与奥运冠军林丹受聘首都大学生绿色志愿大使

图9.19　图片轮显特效

9.3.2　实现图片向左翻滚特效

（1）创建"图片资讯"模块 HTML 结构代码。

```
<div class="maincontent ">
 <p style="margin-top:0px;"class="titlebg ">图片资讯 </p>
 <div  align="center">
<div id="demo" >
<div id="indemo">
<div id="demo1">
<a href="#"><img src="images/leftroll/003.jpg" border="0" /></a>
<a href="#"><img src="images/leftroll/004.jpg" border="0" /></a>
<a href="#"><img src="images/leftroll/005.jpg" border="0" /></a>
<a href="#"><img src="images/leftroll/007.jpg" border="0" /></a>
<a href="#"><img src="images/leftroll/006.jpg" border="0" /></a>
<a href="#"><img src="images/leftroll/008.jpg" border="0" /></a>
</div>
<div id="demo2"></div>
</div>
</div>
</div>
```

（2）添加 JS 代码。

```
<script>
<!--
var speed=15;
var tab=document.getElementById("demo");
var tab1=document.getElementById("demo1");
var tab2=document.getElementById("demo2");
tab2.innerHTML=tab1.innerHTML;
```

HTML5+CSS3+JavaScript网页设计项目教程

```
function Marquee(){
if(tab2.offsetWidth-tab.scrollLeft<=0)
tab.scrollLeft-=tab1.offsetWidth
else{
tab.scrollLeft++;
}
}
var MyMar=setInterval(Marquee,speed);
tab.onmouseover=function() {clearInterval(MyMar)};
tab.onmouseout=function() {MyMar=setInterval(Marquee,speed)};
-->
</script>
```

（3）添加 CSS 样式代码。

```
.maincontent {
   MARGIN: 0px auto; WIDTH: 980px; FONT-SIZE: 14px;
BORDER: #9bc39b 1px solid;
}
.titlebg{
 margin-top:8px; padding-left:20px; padding-top:4px; line-height:25px;
 COLOR:#660000;   FONT-WEIGHT: 700;
 background:url(../images/news/titlebg.png);}
#demo { background: #FFF; overflow:hidden; width: 980px; }
#demo img { border: 3px solid #F2F2F2; }
#indemo { float:left; width: 500%; }
#demo1 { float:left;}
#demo2 { float:left;}
```

最终浏览效果如图 9.20 所示。

图9.20　图片向左翻滚特效

9.4　任务拓展

9.4.1　JavaScript中的常见问题

1．JavaScript 语言与 Java 语言有何联系

实际上联系不大，JavaScript 中的部分语法与命名规范借鉴自 Java 语言，但实际上，JavaScript 的设计原则大量参考的是其他脚本语言。之所以该语言最终命名为 JavaScript，是

218

当时网景公司为了营销考虑与 SUN 公司达成协议的结果。

2．JavaScript 语言与 JScript 语言有何联系

在网景公司公司推出 JavaScript 语言后，不甘落后的微软公司推出了 JScript 语言，其功能和语法都与 JavaScript 语言类似，目前两者都遵循 ECMA-262 标准。

3．JavaScript 语言编写的代码能不能独立运行

不可以，JavaScript 是脚本语言，运行时需要存在宿主环境（即浏览器），故不能脱离浏览器环境运行。但微软公司推出的 VBScript（类似于 JavaScript）既可以在 IE 浏览器中运行，也可以在 Windows 操作系统中运行，因为 Windows 操作系统也可以作为 VBScript 的宿主，但其他浏览器并不支持 VBScript。

9.4.2 JavaScript几大主流框架

1．Dojo

Dojo 是目前最为强大的 JS 框架，它包括 Ajax、Browser、Event、Widget 等跨浏览器 API，包括了 JS 本身的语言扩展，以及各个方面的工具类库和比较完善的 UI 组件库，也被广泛应用在很多项目中。它的 UI 组件的特点是通过给 HTML 标签增加 TAG 的方式进行扩展，而不是通过写 JS 来生成，Dojo 的 API 模仿 Java 类库的组织方式。

优点：库相当完善，发展时间也比较长，功能强大，在面向对象支持、多级模块加载机制、控件完整性等方面有着较为突出的特点，适用于企业级或复杂的大型 Web 应用开发。

缺点：文件体积比较大，Dojo 的类库使用显得不是那么易用，JS 语法增强方面不如 Prototype。

2．Prototype

Prototype 是一个非常优雅的 JS 库，定义了 JS 的面向对象扩展、DOM 操作 API、事件等，以 Prototype 为核心，形成了一个外围的各种各样的 JS 扩展库，是相当有前途的 JS 底层框架，值得推荐，也是现实中应用最广的库类（RoR 集成的 AJAX JS 库），之上还有 Scriptaculous 实现一些 JS 组件功能和效果。

优点：基本底层，易学易用，甚至是其他一些 JS 特效开发包的底层，体积算是最小的了。

缺点：功能不是很强大。

3．jQuery

jQuery 是一款同 Prototype 一样优秀的 JS 开发库类，特别是对 CSS 和 XPath 的支持，使开发者写 JS 变得更加方便。jQuery 架构和机制相对简单，易于开发，应用广泛，适用于相对简单的 Web 开发。

优点：jQuery 是一个快速、简洁的 JavaScript 库，能够简化阅读 HTML 文档、处理事件、实现动画及向网页添加 Ajax 互动等过程。

缺点：不能向后兼容、插件兼容性等。

HTML5+CSS3+JavaScript网页设计项目教程

4．ExtJS

ExtJS 是用 JavaScript 写的，主要用于创建前端用户界面，是一个与后台技术无关的前端 Ajax 框架。因此，可以把 ExtJS 用在 .NET、Java、PHP 等开发语言开发的应用中。

优点：UI 组件丰富、外观漂亮、浏览器兼容性好、将 Web 程序向桌面系统转化、和后台代码无关等。

缺点：体积较大、速度稍慢、没有合适的开发利器等。

9.5　练习与实训

一、简答题

1. JavaScript 中有哪些注释？
2. 简述 JavaScript 中 interHTML 与 innerText 的用法和区别。

二、上机实训

1. 在网页中实现打字效果的文字。
2. 在网页中实现跟随鼠标移动的图片。

任务 **10**

网页设计与开发综合范例

学习目标

知识目标

- 熟练掌握网页设计工作流程
- 灵活运用网页设计相关技术

技能目标

能灵活运用网页设计相关技术设计及制作网页

10.1　任务描述

本任务将详细介绍一个综合案例——儿童用品网上商店。讲解一个网页如何从零开始，逐步搭建出来，从而使读者更好地掌握网页设计工作流程。图 10.1 所示是完成后的首页效果。

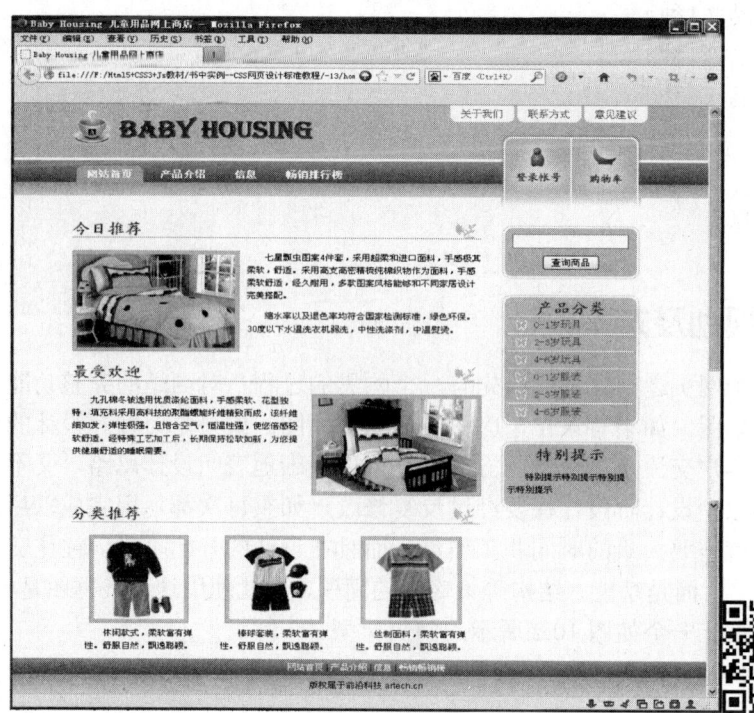

图10.1　完成后的首页

HTML5+CSS3+JavaScript网页设计项目教程

10.2 核心知识

10.2.1 网页内容分析

设计网页的第一步是明确这个网页的内容,如网页需要传达给访问者的信息、各种信息的重要性、各种信息的组织架构等。

在"BABY HOUSE 儿童用品网上商店"的首页中,首先要有明确的网站名称和标志。此外,要给访问者方便地了解这个网站所有者自身的途径,包括指向自身介绍、联系方式等内容的链接。接下来,这个网站的根本目的是要销售商品,因此必须要有清晰的产品分类结构,并有合理的导航栏。对于网上商店来说,产品通常是以类别来组织的,而在首页上通常会把一些最受欢迎的和重点推荐的产品拿出来展示,因为首页的访问量会明显比其他页面大得多,可以充当广告牌。

另外,对于一个网站而言,最重要的核心不是形式,而是内容。作为网站设计师,在设计各网站之前,一定要先问问自己是不是已经真正理解了这个网站的目的,这样才有可能做出成功的网站。否则无论网站多漂亮和花哨,都不能算是成功的作品。而本案例网站要展示的内容大致应该包括以下几项:

- 标题。
- 标志。
- 主导航栏。
- 自身介绍。
- 账号登录与购物车。
- 今日推荐商品(1种)。
- 最受欢迎商品(1种)。
- 分类推荐商品(3种)。
- 搜索框。
- 类别菜单。
- 特别提示信息。
- 版权信息。

10.2.2 网页规划及方案设计

在设计任何一个网页之前,都应该先有一个构思的过程,对网站的完整功能和内容进行全面分析,绘制出草图。如果有条件,应该制作出线框图。如果是为客户设计的网页,那么使用原型线框图与客户交流是最合适的方式,既可以清晰地表明设计思路,又不用花费大量的绘制时间。因为原型设计阶段往往要经过反复修改,如果每次都使用完成以后的设计图交流,反复修改时间就需要大量的时间和工作量,而且在设计的开始阶段,往往交流沟通的中心并不是设计的细节,而是功能、结构等策略性的问题,因此使用这种线框图是非常合适的。

下面为本案例设计一个如图 10.2 所示的网页原型。

222

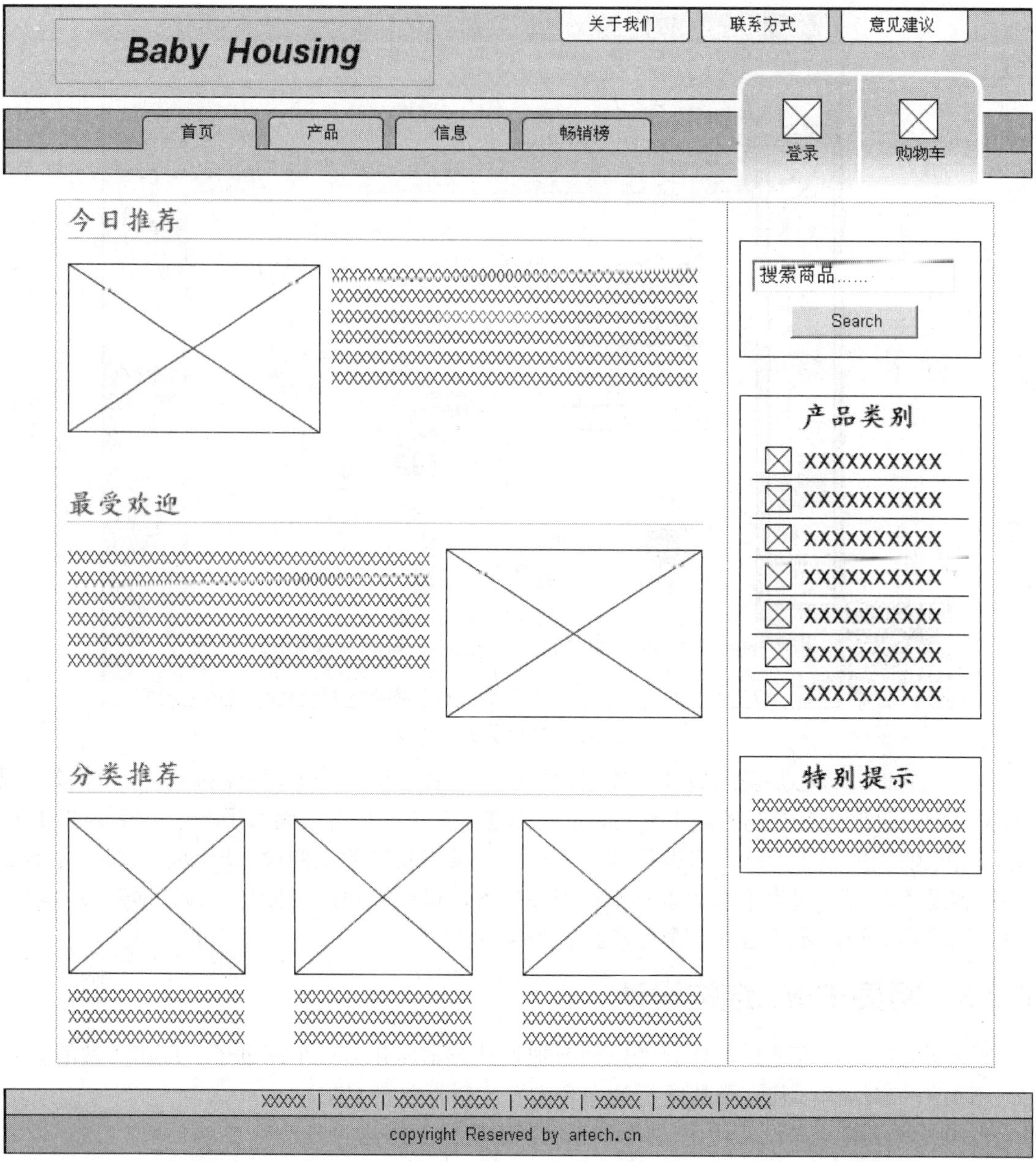

任务10 网页设计与开发综合范例

Baby Housing

| 关于我们 | 联系方式 | 意见建议 |

| 首页 | 产品 | 信息 | 畅销榜 | | 登录 | 购物车 |

今日推荐

搜索商品......

Search

最受欢迎

产品类别

☒ XXXXXXXXXX
☒ XXXXXXXXXX
☒ XXXXXXXXXX
☒ XXXXXXXXXX
☒ XXXXXXXXXX
☒ XXXXXXXXXX
☒ XXXXXXXXXX

分类推荐

特别提示

XXXX | XXXXX | XXXXX | XXXXX | XXXXX | XXXXX | XXXXX | XXXXX

copyright Reserved by artech.cn

图10.2　网站首页原型图

推荐一种绘制原型线框图非常方便的软件——Axure RP，这个软件专门用来做原型设计，而且可以方便地设计动态过程的原型。当然还可用其他普通的绘图软件，例如 Microsoft 公司的 Visio，Adobe 公司的 Fireworks、Photoshop 等，都可以实现。

接下来要根据原型线框图，在 Fireworks 或 Photoshop 中设计真正的页面方案，如图 10.3 所示。具体使用哪种软件，可以根据个人的习惯。

由于本书篇幅限制，关于如何使用 Photoshop 绘制完整的页面方案就不再详细介绍，读者可参考其他相关资料。

223

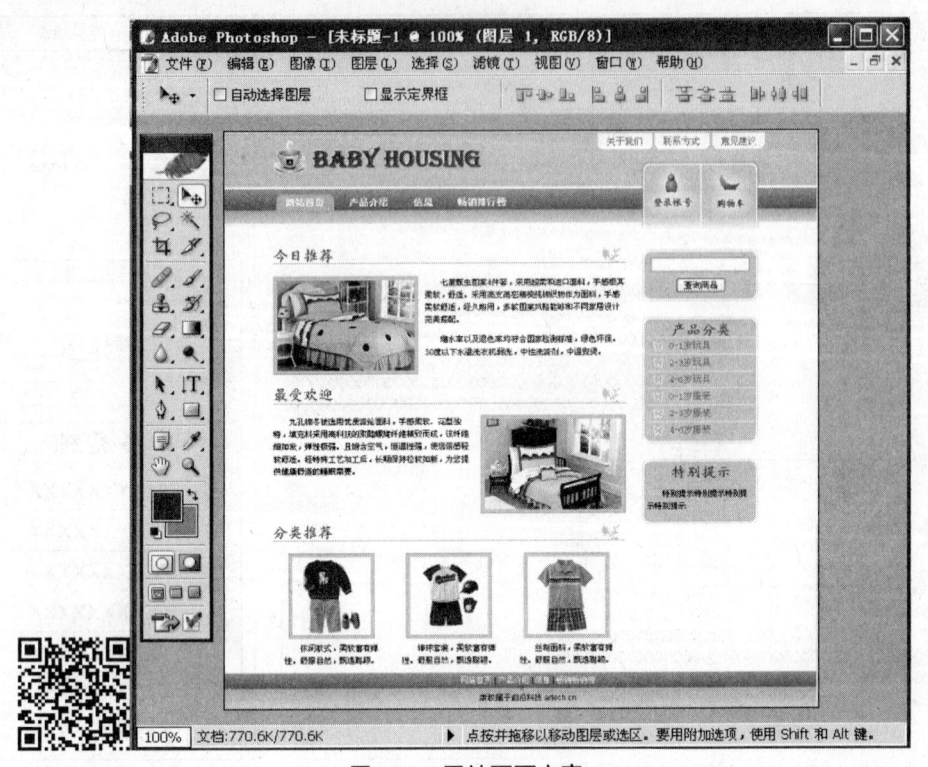

图10.3 网站页面方案

这一步的设计核心是美术设计，通俗地说就是要让页面更美观、更漂亮。在一些较大规模的项目中，通常会有专业的美工参与，这一步就是美工的任务。而对于一些小规模的项目，可能没有很明确的分工，一人身兼数职。不过没有美术功底的人要设计出漂亮的页面并不是一件很容易的事情，因为美术的素养不像很多技术，可以在短期内提高，往往都需要比较长时间的学习和熏陶，才能达到一个比较高的水准。

10.2.3 网页HTML结构设计

在页面方案设计好之后，就要考虑如何把设计方案转化为一个网页了。现在要做的就是构建网站的内容结构，且完全从网页的内容出发，暂不要管 CSS。

图 10.4 所示的是在没有使用任何 CSS 设置的情况下搭建的 HTML 结构效果。

HTML 代码如下：

```
<!DOCTYPE HTML>
<html>
<head>
<meta http-equiv="Content-Type" content="text/html; charset=utf-8">

<title>Baby Housing 儿童用品网上商店</title>
</head>
<body>
<h1>Baby Housing</h1>
<ul
    <li ><a href="#"><strong>网站首页</strong></a></li>
```

224

```html
        <li><a href="#"><strong>产品介绍</strong></a></li>
        <li><a href="#"><strong>信息</strong></a></li>
        <li><a href="#"><strong>畅销排行榜</strong></a></li>
    </ul>
    <ul >
        <li><a href="#"><span>关于我们</span></a></li>
        <li><a href="#"><span>联系方式</span></a></li>
        <li><a href="#"><span>意见建议</span></a></li>
    </ul>
    <ul>
        <li ><a href="#" ><span>登录账号</span></a></li>
        <li ><a href="#" ><span>购物车</span></a></li>
    </ul>
        <h2>今日推荐</h2>
    <a href="#"><img src="images/ex4.jpg" width="210" height="140"/></a>
        <p>七星瓢虫图案4件套,采用超柔和进口面料,手感极其柔软,舒适。采用高支高密精梳纯棉织
物作为面料,手感柔软舒适,经久耐用,多款图案风格能够和不同家居设计完美搭配。</p>
        <p>缩水率以及退色率均符合国家检测标准,绿色环保。30度以下水温洗衣机弱洗,中性洗涤
剂,中温熨烫。 </p>
        <h2>最受欢迎</h2>
    <a href="#"><img src="images/ex5.jpg" width="210" height="140"/></a>
        <p>九孔棉冬被选用优质涤纶面料,手感柔软、花型独特,填充料采用高科技的聚酯螺旋纤维精制
而成,该纤维细如发,弹性极强。且饱含空气,恒温性强,使您倍感轻软舒适。经特殊工艺加工后,长期
保持松软如新,为您提供健康舒适的睡眠需要。 </p>
        <h2>分类推荐</h2>
        <ul>
                <li><a href="#"><img src="images/cx1.jpg" width="120"
height="120"/></a>
                    <p>休闲款式,柔软富有弹性。舒服自然,飘逸聪颖。</p></li>
                <li><a href="#"><img src="images/ex2.jpg" width="120"
height="120"/></a>
                    <p>棒球套装,柔软富有弹性。舒服自然,飘逸聪颖。</p></li>
                <li><a href="#"><img src="images/ex3.jpg" width="120"
height="120"/></a>
                    <p>丝制面料,柔软富有弹性。舒服自然,飘逸聪颖。</p></li>
        </ul>
    <form><input name="" type="text" /><input name="" type="submit" value="查询
商品" /></form>
        <h2>产品分类</h2>
        <ul>
            <li><a href="#">0-1岁玩具</a></li>
            <li><a href="#">2-3岁玩具</a></li>
            <li><a href="#">4-6岁玩具</a></li>
            <li><a href="#">0-1岁服装</a></li>
            <li><a href="#">2-3岁服装</a></li>
            <li><a href="#">4-6岁服装</a></li>
```

HTML5+CSS3+JavaScript网页设计项目教程

```
    </ul>
    <h2>特别提示</h2>
    <p>特别提示特别提示特别提示特别提示</p>
    <p ><a href="#">网站首页</a> | <a href="#">产品介绍</a> | <a href="#">信息
</a> | <a href="#">畅销排行榜</a></p>
    <p >版权属于前沿科</p>
    </body>
    </html>
```

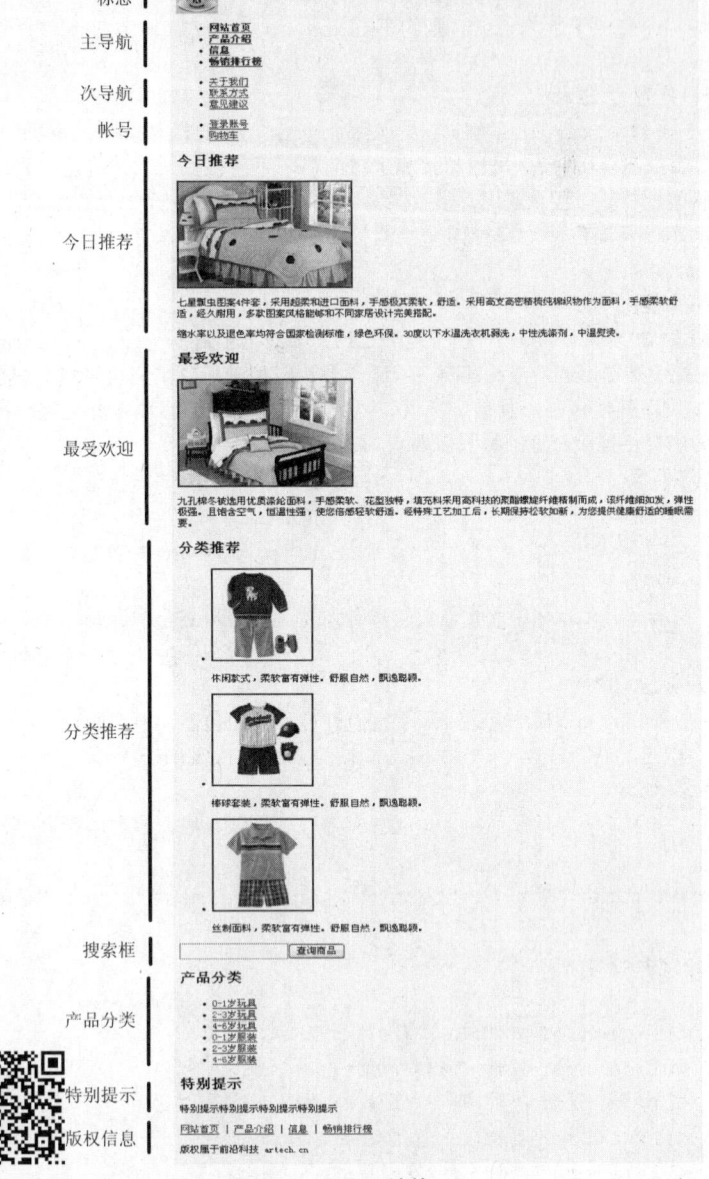

图10.4　HTML结构

任务10 网页设计与开发综合范例

可以看到，这些代码非常简单，使用的都是最基本的 HTML 标记。但没有出现任何 <div> 标记，因为 <div> 是不具有语义的标记。在最初搭建 HTML 的时候，要考虑语义相关的内容，这不需要像 <div> 这样的标记。

10.2.4　网页布局与视觉设计

这一步的主要任务是将网页内容放置到合适的位置，并美化网页内容。

1．整体样式设计

首先对整个页面的共有属性进行一些设置，例如对字体、margin、padding 等属性进行初始化设置，以保证这些内容在各个浏览器中有相同表现。

```
body{
    margin:0;
    padding:0;
    background: white url('images/header-background.png') repeat-x;
    font:12px/1.6 arial;
    }
ul{
    margin:0;
    padding:0;
    list-style:none;
}

a{
    text-decoration:none;
    color:#3D81B4;
}
p{
    text-indent:2em;
}
```

2．页头部分设计与实现

根据原型线框图、设计方案图，对 HTML 结构代码进行加工。代码如下，粗体部分是在原 HTML 代码的基础上新增的内容。

```
<div class="header">
<h1><span>Baby Housing</span></h1>
<div class="logo"><img src="images/logo.gif" /></div>
<ul class="mainNavigation">
    <li class="current"><a href="#"><strong>网站首页</strong></a></li>
    <li><a href="#"><strong>产品介绍</strong></a></li>
    <li><a href="#"><strong>信息</strong></a></li>
    <li><a href="#"><strong>畅销排行榜</strong></a></li>
</ul>
<ul  class="topNavigation">
```

227

HTML5+CSS3+JavaScript网页设计项目教程

```
    <li><a href="#"><span>关于我们</span></a></li>
    <li><a href="#"><span>联系方式</span></a></li>
    <li><a href="#"><span>意见建议</span></a></li>
</ul>
<ul class="accountBox">
    <li ><a href="#" class="login"><span>登录账号</span></a></li>
    <li ><a href="#" class="cart"><span>购物车</span></a></li>
</ul>
</div>
```

当然仅仅增加这些 div 和类别名称还不能真正起到作用，还必须设定相应的 CSS 样式。代码如下：

```
.header{
    position:relative;            /*设为相对定位，目的是使子元素使用绝对定位*/
    width:760px;
    height:138px;
    margin:0 auto;
    font:14px/1.6 arial;
}
.header h1{
    background:transparent url('images/title.png') no-repeat bottom left;
    height:63px;
    margin:0;
    margin-left:40px;
}
.header .logo{      /*将标志设为绝对定位，并定位到合适的位置*/
    position:absolute;
    top:10px;
    left:0px;
}
.header h1 span{     /*将原来的标题文字隐藏*/
    display:none;
}
.header .topNavigation{      /*将次导航设为绝对定位，右上角对齐header的右上角*/
    position:absolute;
    top:0;
    right:0;
}
.header .topNavigation li{    /*将次导航的列表项目设为左浮动，从而使它们水平排列 */
    float:left;
    padding:0 2px;
}

.header .mainNavigation{ /*将主导航设为绝对定位，并定位到合适的位置*/
    position:absolute;
    color:white;
```

```
        font-weight:bold;
        top:88px;
        left:0;
    }
    .header .mainNavigation li{ /*将主导航的列表项目设为左浮动，从而使它们水平排列 */
        float:left;
        padding:5px;
    }

    .header .accountBox{   /*将账号div设为绝对定位，并定位到合适的位置*/
        position:absolute;
        top:44px;
        right:10px;
    }
    .header .accountBox li{ /*将账号div的列表项目设为左浮动，从而使它们水平排列 */
        float:left;
        top:0;
        right:0;
        width:93px;
        height:110px;
        text-align:center;
    }
    .header .accountBox span{ /*将原来的账号文字隐藏*/
        display:none;
    }
    .header .accountBox a{
display:block; /*将超链由行内元素变为块级元素，这样可使得鼠标进入图像范围即可触发超链接*/
        height:110px;
        width:93px;
        float:left;/* For Ie 6 bug */
    }
    .header .accountBox .login{ /* 对账号登录设置背景图像 */
        background:transparent url('images/account-left.jpg') no-repeat;
    }
    .header .accountBox .cart{ /* 对购物车设置背景图像 */
        background:transparent url('images/account-right.jpg') no-repeat;
    }
    .header .accountBox .login:hover{/* 设置鼠标经过账号登录时的背景图像 */
        background:transparent url('images/account-left.jpg')  no-repeat    left
bottom ;
    }
    .header .accountBox .cart:hover{/* 设置鼠标经过购物车时的背景图像 */
        background:transparent url('images/account-right.jpg')  no-repeat    left
bottom ;
    }
    .header .topNavigation a{/*设置次导航的超链接效果 */
```

```css
    display:block;
    line-height:25px;
    padding:0 0 0 14px;
    background:transparent url('images/top-navi-white.gif') no-repeat;
    float:left;   /*For IE 6 bug*/
}
.header .topNavigation a span{
    display:block;
    padding:0 14px 0 0;
    background:transparent url('images/top-navi-white.gif') no-repeat
right;
}
.header .topNavigation a:hover{/* 设置鼠标经过次导航时的效果*/
    color:white;
    background:transparent url('images/top-navi-hover.gif') no-repeat;
}
.header .topNavigation a:hover span{
    background:transparent url('images/top-navi-hover.gif') no-repeat
right;
}
.header .mainNavigation a{ /*设置主导航的超链效果 */
    display:block;
    line-height:25px;
    text-decoration:none;
    padding:0 0 0 14px;
    color:white;
    float:left;   /*For IE 6 bug*/
}
.header .mainNavigation a strong{
    display:block;
    padding:0 14px 0 0;
}
.header .mainNavigation .current a{
    color:white;
    background:transparent url('images/main-navi.gif') no-repeat;
}
.header .mainNavigation .current a strong{
    color:white;
    background:transparent url('images/main-navi.gif') no-repeat right;
}
.header .mainNavigation a:hover{ /* 设置鼠标经过土导航时的效果*/
    color:white;
    background:transparent url('images/main-navi-hover.gif') no-repeat;
}
.header .mainNavigation a:hover strong{
    background:transparent url('images/main-navi-hover.gif') no-repeat right;
```

```
    color:#3D81B4;
}
```

用到的背景图像如图 10.5 ～图 10.10 所示。

图10.5　标题背景图像

图10.6　主导航的背景图像

图10.7　鼠标经过主导航时的背景图像

图10.8　鼠标经过次导航时的背景图像

图10.9　登录账号背景图像 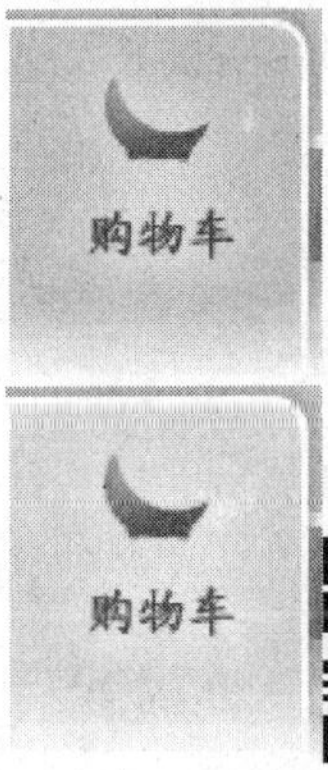　　　图10.10　购物车背景图像

整个页面头部设置完 CSS 显示效果如图 10.11 所示。

图10.11　页面头部效果

 HTML5+CSS3+JavaScript网页设计项目教程

3．内容部分设计与实现

在原型线框图中，内容部分分为左右两列。下面首先对 HTML 代码进行改造，然后设置相应的 CSS 代码，实现左右分栏的要求。代码如下（粗体部分为新增代码）：

```
<div class="content">
    <div class="mainContent">
        <div class="recommendation img-left">
            <h2>今日推荐</h2>
            <a href="#"><img src="images/ex4.jpg" width="210"
height="140"/></a>
            <p>七星瓢虫图案4件套，采用超柔和进口面料，手感极其柔软，舒适。采用高
支高密精梳纯棉织物作为面料，手感柔软舒适，经久耐用，多款图案风格能够和不同家居设计完美搭配。
</p>
            <p>缩水率以及退色率均符合国家检测标准，绿色环保。30度以下水温洗衣机
弱洗，中性洗涤剂，中温熨烫。 </p>
        </div>
        <div class="recommendation">
            <h2>最受欢迎</h2>
            <div class="img-right"><a href="#"><img src="images/ex5.
jpg" width="210" height="140"/></a></div>
            <p>九孔棉冬被选用优质涤纶面料，手感柔软、花型独特，填充料采用高科技的
聚酯螺旋纤维精制而成，该纤维细如发，弹性极强。且饱含空气，恒温性强，使您倍感轻软舒适。经特殊
工艺加工后，长期保持松软如新，为您提供健康舒适的睡眠需要。 </p>
        </div>
        <div class="recommendation multiColumn">
        <h2>分类推荐</h2>
        <ul>
        <li><a href="#"><img src="images/ex1.jpg" width="120"
height="120"/></a>
            <p>休闲款式，柔软富有弹性。舒服自然，飘逸聪颖。</p></li>
            <li><a href="#"><img src="images/ex2.jpg" width="120"
height="120"/></a>
                <p>棒球套装，柔软富有弹性。舒服自然，飘逸聪颖。</p></li>
            <li><a href="#"><img src="images/ex3.jpg" width="120"
height="120"/></a>
                <p>丝制面料，柔软富有弹性。舒服自然，飘逸聪颖。</p></li>
        </ul>
        </div>
    </div>
    <div class="sideBar">
        <div class="searchBox">
            <span>
                <form><input name="" type="text" /><input name=""
type="submit" value="查询商品" /></form>
            </span>
```

```
            </div>
            <div class="menuBox">
                <span>
                <h2>产品分类</h2>
                <ul>
                        <li><a href="#">0-1岁玩具</a></li>
                        <li><a href="#">2-3岁玩具</a></li>
                        <li><a href="#">4-6岁玩具</a></li>
                        <li><a href="#">0-1岁服装</a></li>
                        <li><a href="#">2-3岁服装</a></li>
                        <li><a href="#">4-6岁服装</a></li>
                </ul>
                </span>
            </div>
            <div class="extraBox">
            <span>
                <h2>特别提示</h2>
                <p>特别提示特别提示特别提示特别提示</p>
            </span>
            </div>
    </div>
</div>
```

接下来进行布局设置，采用固定宽度的两列布局方案，代码如下：

```
.content{    /* 固定宽度760像素，居中 */
    width:760px;
    margin:0 auto;
}
.content a img{
    padding:5px;
    background:#BDD6E8;
    border:1px #DEAF50  solid;
}
.content a:hover{    /* For IE 6 bug */
    color: #FFF;
}
.content a:hover img{
    padding:5px;
    background:#3D81B4;
    border:1px #3D81B4  solid;
}
.mainContent{ /* 左列固定宽度540像素，且左浮动 */
    float:left;
    width:540px;

    .recommendation{
```

```
      clear:both;  /* 清除左右浮动的影响*/
    }
    .recommendation h2{
        padding-top:20px;
        color:#069;
        border-bottom:1px #DEAF50 solid;
        font:bold 22px/24px 楷体_GB2312;
        background:transparent url('images/rose.png') no-repeat bottom right;
    }
    .img-left img{
        float:left;
        margin-right:10px;
    }
    .img-right{
        float:right;
        margin-left:10px;
    }
    .multiColumn li{/* 将左列再分为三列，每列固定宽度160像素 */
        float:left;
        width:160px;
        margin:0 10px;
        text-align:center;
        display:inline; /*For IE 6 bugs*/
    }
    .multiColumn li p{
        margin:0 0 10px 0;
    }
    .sideBar{   /* 右列固定宽度186像素，右浮动 */
        float:right;
        width:186px;
        margin-right:10px;
        margin-top:20px;
        display:inline; /*For IE 6 bug*/
    }
    .sideBar div{
        margin-top:20px;
        background:transparent url('images/sidebox-bottom.png') no-r
bottom;
        width:100%;
    }
    .sideBar div span{
        display:block;
        background:transparent url('images/sidebox-top.pn
        padding:10px;
```

```css
}
.sideBar .searchBox{
    text-align:center;
}
.sideBar input{
    margin:5px 0;
}
.sideBar h2{
    margin:0px;
    font:bold 22px/24px 楷体_GB2312;
    color:#069;
    text-align:center;
}
.sideBar .menuBox li{
    font:14px 宋体;
    height:25px;
    line-height:25px;
    border-top:1px white solid;
}
.sideBar .menuBox li a{
    display:block;
    padding-left:35px;
    background:transparent url('images/menu-bullet.png') no-repeat 10px
center;
    height:25px;
}
.sideBar .menuBox li a:hover{
    display:block;
    color:#069;
    background:white url('images/menu-bullet.png') no-repeat 10px center;
}
```

整个页面内容部分设置完 CSS 显示效果如图 10.12 所示。

4．页脚部分设计与实现

最后设计页脚部分，代码如下：

```html
<div class="footer">
    <p class="p1"><a href="#">网站首页</a> | <a href="#">产品介绍</a> | <a
href="#">信息</a> | <a href="#">畅销排行榜</a></p>
    <p class="p2">版权属于前沿科技</p>
</div>
```

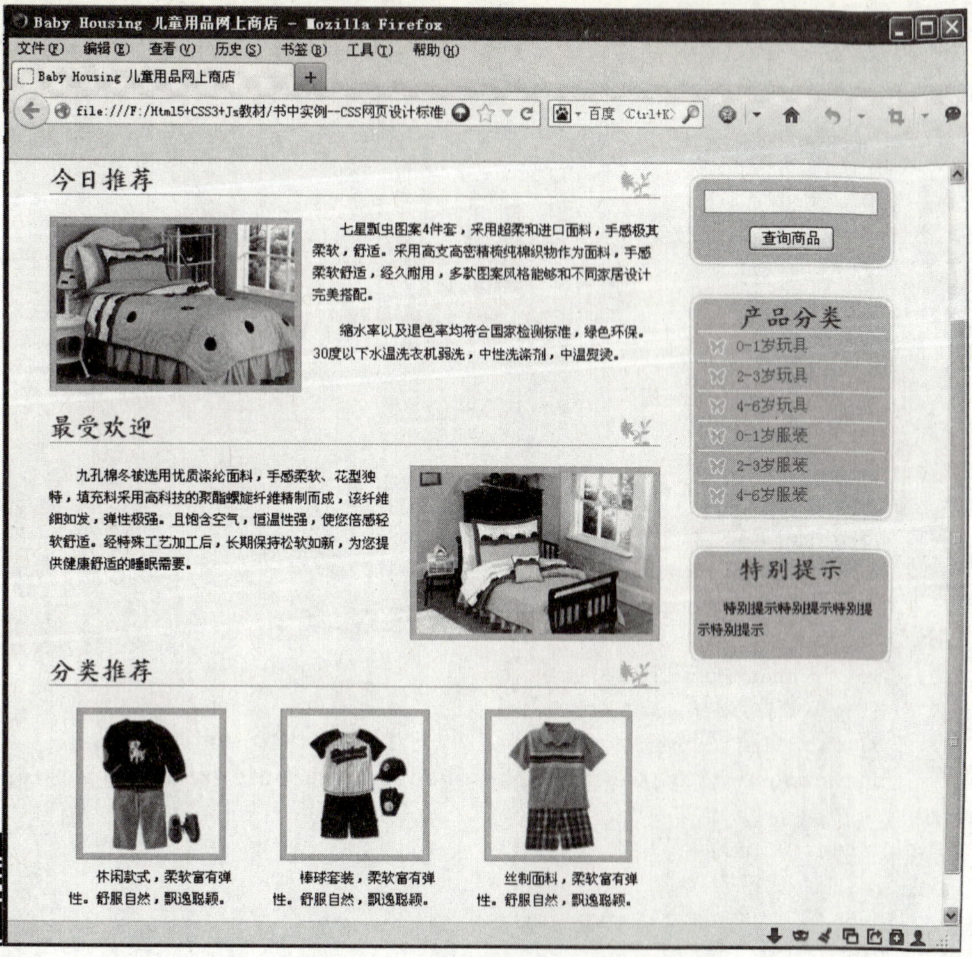

HTML5+CSS3+JavaScript网页设计项目教程

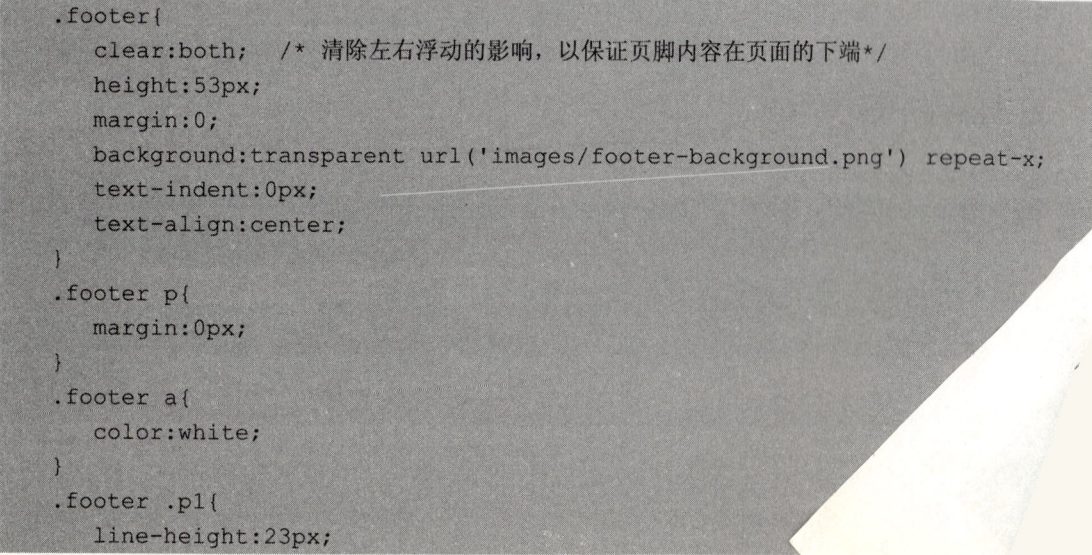

图10.12　页面内容效果

相应的 CSS 样式如下：

```
.footer{
    clear:both;    /* 清除左右浮动的影响，以保证页脚内容在页面的下端*/
    height:53px;
    margin:0;
    background:transparent url('images/footer-background.png') repeat-x;
    text-indent:0px;
    text-align:center;
}
.footer p{
    margin:0px;
}
.footer a{
    color:white;
}
.footer .p1{
    line-height:23px;
```

任务10　网页设计与开发综合范例

```
}
.footer .p2{
    line-height:30px;
}
```

页脚部分设置完后显示效果如图 10.13 所示。

图10.13　页脚部分效果

10.3　任务拓展——网页设计必须注意的问题

当你在 Internet 这个信息的海洋中尽情遨游时，会发现许许多多内容丰富、创意新颖、设计独特的个人网页，不知道你见到这样漂亮可人的网页是否有点心动。一旦你具备了上网的条件，又萌发了制作主页的念头，那么就应该注意网页设计时应考虑哪些方面的问题，包括网站功能和访问者需要什么。你的整个设计都应该围绕这些方面来进行。

1．页面内容要新颖

网页内容的选择要不落俗套，要重点突出一个"新"字，这个原则要求我们在设计网站内容时不能照抄别人的内容，要结合自身的实际情况创作出一个独一无二的网站。放眼望去，网上的许多个人主页简直就是"杂货店"，内容包罗万象，题材千篇一律，人人都是"软件下载"，个个都有"网络导航"，从头到尾找不出一丝"鲜"意。所以，我们在设计网页时，要把功夫下在选材上。选材要尽量做到"少"而"精"，又必须突出"新"，如能坚持天天更新的话，我相信这样的网页一定会受到大家的欢迎。

2．网页命名要简洁

由于一个网站不可能就是由一个网页组成，它有许多子页面，为了能使这些页面有效地被链接起来，用户最后能给这些页面起一些有代表性的、简洁易记的网页名称，这样有助于管理网页，在向搜索引擎提交网页时更容易被别人索引到。在给网页命名时，最好使用自己常用的或符合页面内容的小写英文字母，这直接关系到页面上的链接。

3．要及时更新网页

网页制作好后，不能说万事大吉了，其实事后的工作量更大。因为网页制作是一时的，维护更新的工作是每天都要做的。要及时把网页上已经作废的链接删除，比如用户无意中了页面中的一个链接，在苦苦的等待之后，换来的是无法访问的结果，那么他们会对你大失所望，可能以后再也不会光顾你的网页了。若不能及时更新，也最好在主页上发告诉前来访问的朋友，因有特殊情况需要离开一段时间，未能及时更新主页，希望这样就能给人一种负责的感觉，同时能得到网友的信任。

237

4．注意视觉效果

设计 Web 页面时，一定要用 1024×768 像素的分辨率来分别观察。许多浏览器使用 1024×768 像素的分辨率，尽管在 1280×1024 像素的高分辨率下一些 Web 页面看上去很具吸引力，但在 1024×768 像素的模式下可能会黯然失色。作一点小小的努力，设计一个在不同分辨率下都能正常显示的网页。

5．网页内容要易读

网站设计最重要的诀窍就是网页要易读 。这就意味着你必须花点心思来规划文字与背景颜色的搭配方案。注意不要使背景的颜色冲淡了文字的视觉效果，别用花里胡哨的色彩组合，让人阅读起来很吃力。一般来说，浅色背景下的深色文字为佳。这个要点要求你最好别把文字的规格设得太小，也不能太大。文字太小，人家读起来难受；文字太大，或者文字视觉效果变化频繁，看起来不舒服。另外，最好让文本左对齐，而不是居中。按当代中文的阅读习惯，文本大都是居左的。当然，标题一般应该居中，因为这符合读者的阅读习惯。

6．少用特殊字体

虽然可以在 HTML 中使用特殊的字体，但是不可能预测你的访问者在他们的计算机上将看到什么。在你的计算机里看起来相当好的页面，在另一个不同的平台上看起来可能非常糟糕。因此，在使用特殊字体时需要一些变通的方法，以免你所选择的字体在访问者的计算机上不能显示。级联风格表 CSS 有助于解决这些问题，但是只有最新版的浏览器才支持 CSS。

7．尽量少用 Java 程序

不要使用大幅面的 Java 程序，能够用 JavaScript 替代效果的则尽量不要使用 Java。因为目前来讲 Java 的运行速度实在慢得让人无法忍受，往往使浏览者没有耐心等页面全部显示出来，这样你的精心设计便会毫无效果。

8．少放网站地图

许多设计者把他们的网站地图放在网站上，这种做法却是弊大于利。绝大部分的访问者上网是寻找一些特别的信息，他们对于你的网站是如何工作的并没有兴趣。如果你觉得你的网站需要地图，那很可能是需要改进你的导航和工具条。

9．要为图片附加注释文字

给每个图形加上文字说明，在出现之前就可以看到相关内容，尤其是导航按钮更应如此。这样一来，用户在访问你的站点时就有一种亲切感，认为你心细，时时刻刻为他人着想，相信你的好心会有好报的。

10．不宜多用闪烁文字

有的设计者想通过闪烁的文字来引起访问者的注意，这是可中最多不能有 3 处闪烁文字，太多了给用户一种眼花缭乱的感觉，反而会影响用户访问该网站的其他内容，正所谓"物极必反"也。

11．每个页面都要有导航按钮

应当避免强迫用户使用工具栏中的向前和向后按钮。你的设计应当使用户能够很快地找到他们所要的东西。绝大多数好的站点在每一页同样的位置上都有相同的导航条，使浏览者能够从每一页上访问网站的任何部分。

12．网页风格要统一

网页上所有的图像、文字，包括背景颜色、区分线、字体、标题、注脚等，要统一风格，贯穿全站。这样读者看起来舒服、顺畅，会对你的网站留下一个"很专业"的印象。

13．动画最多只用一个

大家都喜欢用 GIF 动画来装饰网页，它的确很吸引人，但我们在选择时是否能确定必须用 GIF 动画，如果答否，那么就选择静止的图片，因为它的容量要小得多。同样尺寸的 Logo，GIF 动画的容量有 5KB，而静止 Logo 的只有 3KB。虽然只有 2KB 之差，但多起来，就会影响下载的速度。所以，如果有些不是必需的，就选择最小的。

14．善用图像

用户在网上四处漫游，你必须设法吸引和维护他们对你的主页的注意力。万维网中一个最重大的资源是其多媒体能力，所以我们要善加利用。主页上最好有醒目的图像、新颖的画面、美观的字款，使其别具特色，令人过目不忘。图像的内容应有一定的实际作用，切忌虚饰浮夸。注意图画可以弥补文字之不足，但并不能完全取代文字。很多用户把浏览软件设定为略去图像，以求节省时间。因此，制作主页时，必须注意将图像所连接的重要信息或连接其他页面的指示用文字重复表达几次，同时要注意避免使用过大的图像。如果不得不放置大的图像，最好使用 Thumbnails 软件把图像的缩小版本的预览效果显示出来，这样用户就不必浪费金钱和时间去下载他们根本不想看的大图像。

15．网站导航要清晰

所有的超链接应清晰无误地向读者标识出来，所有导航性质的设置，像图像按钮，都要有清晰的标识，让人看得明白，千万别光顾视觉效果的热闹，而让浏览者不知东西南北。链接文本的颜色最好用约定俗成的：未访问的，蓝色；点击过的，紫色或栗色。总之，文本链接一定要和页面的其他文字有所区分，给读者清晰的导向。

16．不能忽视错别字

一个好的网站对设计的每一个细节都不会放过，哪怕是一个微小的拼写错误都是绝对不▯的。但遗憾的是，许多设计者都缺少这种技能。

HTML5+CSS3+JavaScript网页设计项目教程

17. 使网站具有交互功能

一个静态网页始终给人一种呆板的感觉，缺少活力和生气。最好在网站上提供一些回答问题的工具，以及其他具有交互性能的设计，使得访问者能从网站上获得交互的信息，从而有一种参与网络建设的新鲜感和成就感。

10.4 练习与实训

1. 在互联网上搜索旅游相关的门户网站，选出 5 个你认为设计得最好的网站，分析各自的特点、优点和缺点。

2. 在上面分析的基础上，设计一个旅游门户网站，并总结设计的特点。

参考文献

[1] 刘增杰，臧顺娟，何楚斌 . 精通 HTML5+CSS3+JavaScript 网页设计 [M]. 北京：清华大学出版社，2013.

[2] 温谦 .CSS 网页设计标准教程 [M]. 北京：人民邮电出版社，2010.

[3] 曾静娜 . 新手学 CSS+DIV[M]. 北京：北京希望电子出版社，2010.